1 Natürliche Zahlen

Große Zahlen beschreiben die Welt

 10 000 Besucherplätze

 1 000 Besucherplätze

1 Die Anzahl der Besucherplätze ist durch Strichmännchen dargestellt.
Vervollständige die Tabelle.

Stadt		ZT	T	H	Z	E	Besucherplätze
Aachen		2	2	0	0	0	22 000
München							
Stuttgart							60 000
Hannover							
Dortmund							
Frankfurt							
Leipzig							

Stellenwerttafel

1 Ergänze wie im Beispiel.

4 0 0	1 0	7
2 0 0		3
8 0 0	7 0	8

H	Z	E	Zahl
4	1	7	417
2	0	3	
6	3	5	
			526
			350
7	4	9	
			953

2 Trage in die Stellenwerttafel ein. Wie heißt die Zahl?

	T	H	Z	E	Zahl
6 T + 4 H + 3 Z + 8 E					
4 T + 3 H + 8 Z + 4 E					
6 H + 2 Z + 7 E					
9 T + 5 H + 0 Z + 3 E					
3 T + 3 Z + 4 E					
2 T + 5 H + 6 Z					
9 T					
6 T + 4 H + 3 Z + 8 E					
5 H + 5 E					
7 T + 7 E					

3 a) Bilde 12 Zahlen mit den Ziffern auf den Karten.

4 6 7 1

______ ______ ______ ______ ______ ______

______ ______ ______ ______ ______ ______

b) Wie heißt die kleinste Zahl, die du mit den Karten bilden kannst? ______

c) Wie heißt die größte Zahl, die du mit den Karten bilden kannst? ______

d) Ordne die Zahlen aus Aufgabe a). Beginne mit der kleinsten Zahl. ______

______

e) Wie viele Zahlen aus Aufgabe a) sind kleiner als 5 000? ______

Stellenwerttafel

1 Zerlege die Zahl in Tausender, Hunderter, Zehner und Einer und trage sie in die Stellenwerttafel ein.

Zahl	Zerlegung	T	H	Z	E
4 805	4 T + 8 H + 5 E	4	8	0	5
5 793					
2 641					
5 068					
587					
6 849					
3 251					
5 795					
8 003					
700					

2 Immer zwei Karten gehören zusammen. Färbe sie in derselben Farbe.

4 269	9 H + 5 Z	325	3 T + 2 Z + 5 E
3 025	6 924	9 500	6 T + 9 H + 2 Z + 4 E
4 T + 2 H + 6 Z + 9 E	9 T + 5 H	950	3 H + 2 Z + 5 E

3 Was gehört zusammen? Ordne zu.

fünftausendvierhundert	9 318
dreihundertsiebenundzwanzig	5 038
neuntausenddreihundertachtzehn	5 400
fünftausendachtunddreißig	981
dreitausendsechshundertzehn	3 610
neunhunderteinundachtzig	327

4 Hier wurden Fehler gemacht. Berichtige.

a) 3T + 4H + 6Z + 7E = 7 643 ______

8T + 5H + 9Z + 6E = 8 569 ______

5T + 3H + 7Z + 9E = 5 397 ______

b) 5T + 3H + 9E = 539 ______

3T + 4Z + 2E = 3 420 ______

7T + 5Z + 1E = 1 570 ______

Übungen am Zahlenstrahl

1 Wie heißen die Zahlen?

a)
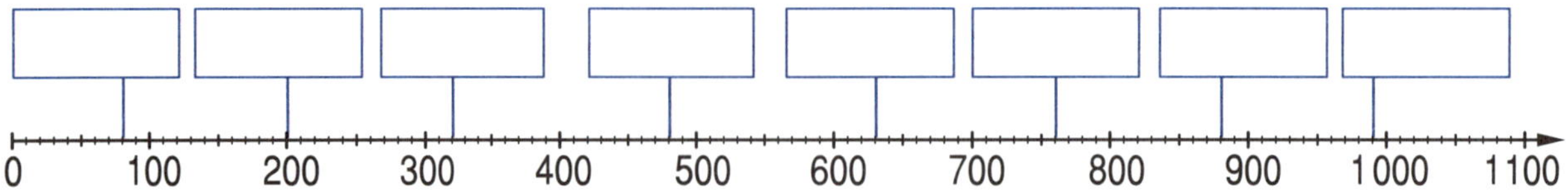

b)
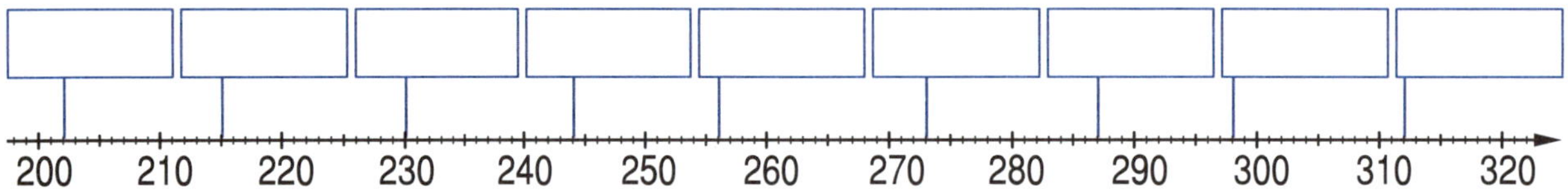

2 Wie heißen die Zahlen?

a)
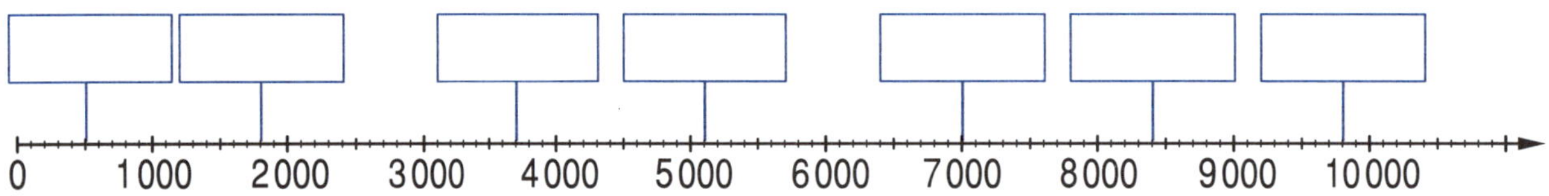

b)
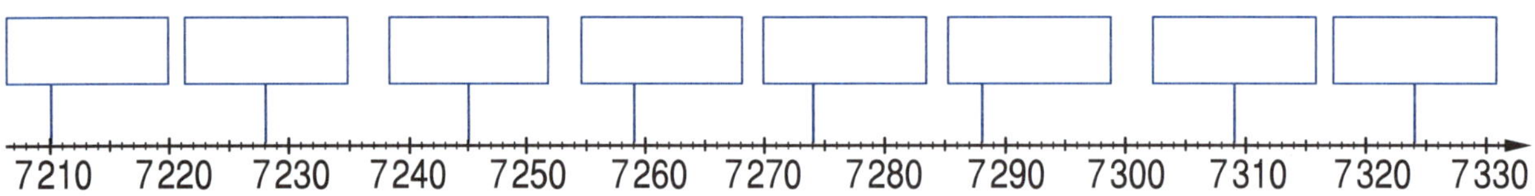

3 Wie heißt die Zahl in der Mitte?

a) 50 — 70 ______
b) 80 — 90 ______
c) 120 — 140 ______
d) 50 — 100 ______
e) 160 — 170 ______
f) 200 — 300 ______
g) 550 — 600 ______
h) 700 — 750 ______

4 Ordne die Zahlen zu.

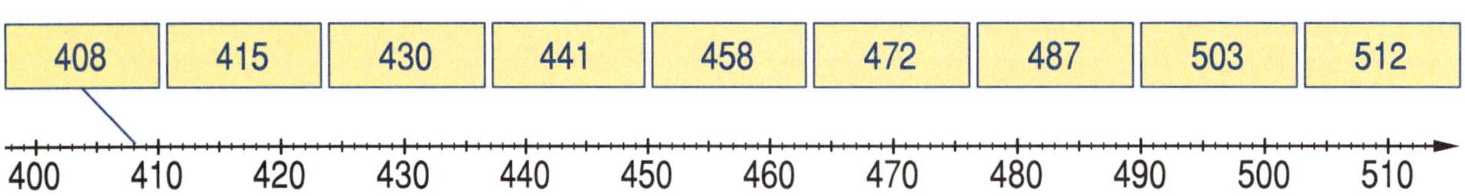

5 Ordne die Zahlen zu.

a)
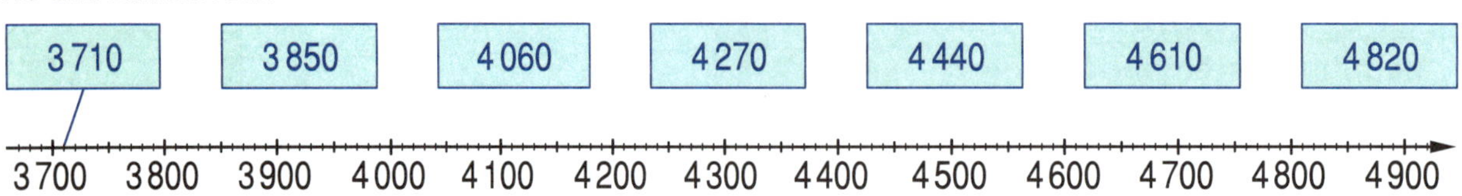

b)
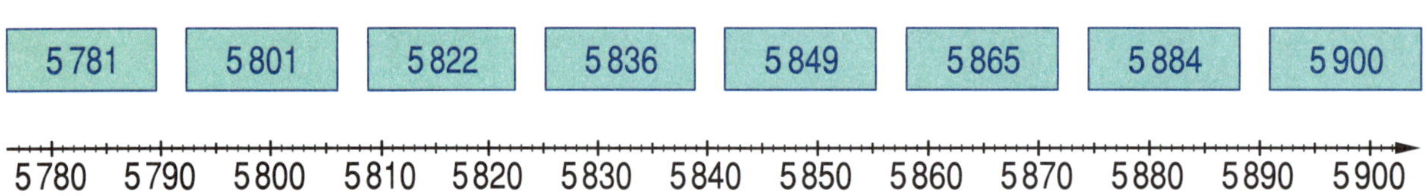

Zahlen vergleichen und ordnen

1 Kleiner, größer oder gleich? Setze ein: <, > oder =

a)			b)			c)		
704	☐	7 040	94	☐	108	405	☐	450
8 267	☐	827	563	☐	365	450	☐	504
1 000	☐	111	334	☐	339	405	☐	405
824	☐	2 048	740	☐	470	550	☐	505

d)			e)			f)		
5 932	☐	5 932	5 020	☐	5 002	2 859	☐	2 509
3 950	☐	9 500	7 130	☐	7 031	6 071	☐	6 710
2 589	☐	2 851	4 217	☐	4 217	1 087	☐	1 087
8 103	☐	8 209	3 024	☐	3 420	9 170	☐	9 310

2 Ordne die Zahlen nach der Größe. Beginne mit der kleinsten Zahl.
Du erhältst ein Lösungswort.

a)

8 061	F	1 290	S
8 610	E	6 800	T
8 600	T	6 801	I

b)

7 200	P	8 702	R
8 270	E	7 280	A
7 802	P	8 207	I

3 Bilde Zahlen und schreibe sie der Größe nach in die Schlange.

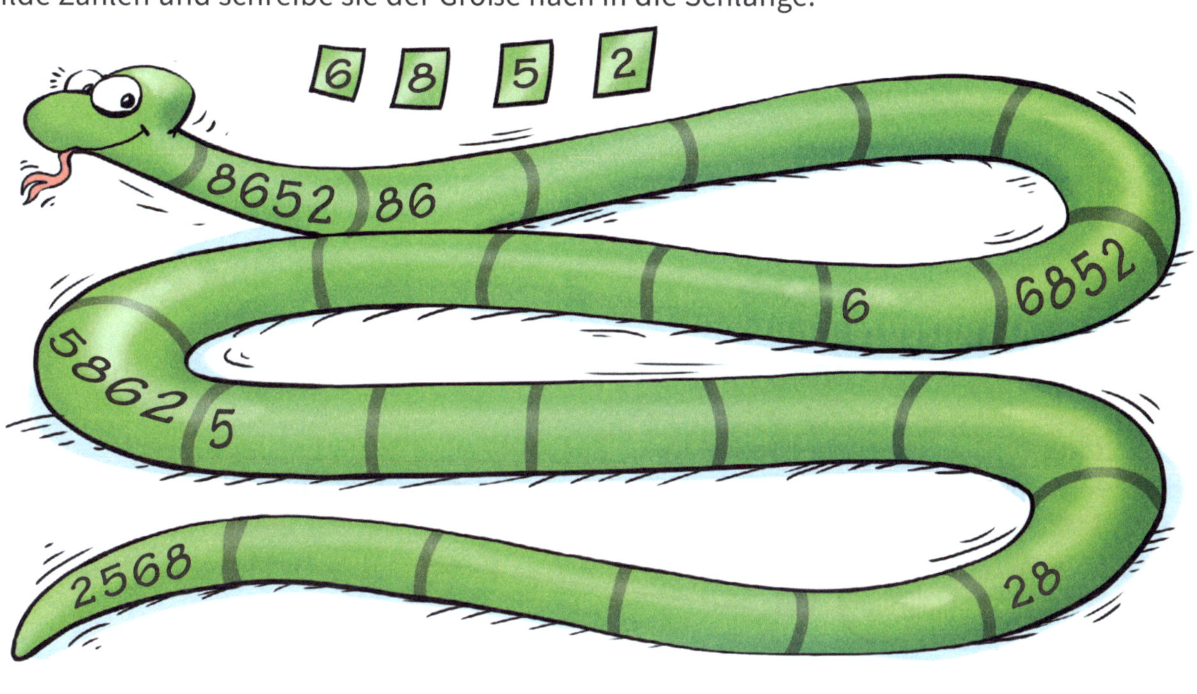

Zahlen runden

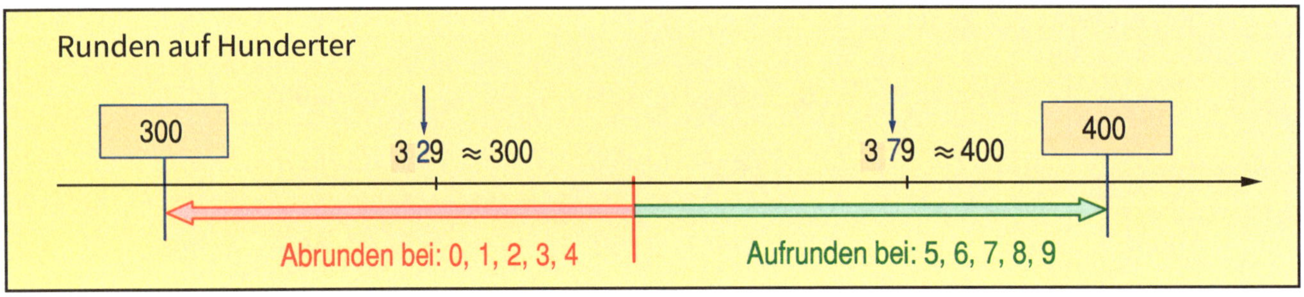

1 Trage die Nachbarhunderter ein und runde auf Hunderter.

a) [400] 468 [500]
468 ≈ ______

b) [ ] 241 [300]
241 ≈ ______

c) [ ] 334 [ ]
334 ≈ ______

d) [ ] 1 789 [ ]
1 789 ≈ ______

2 Runde auf Hunderter.

a)	b)	c)	d)
654 ≈ ______	706 ≈ ______	5 213 ≈ ______	5 499 ≈ ______
321 ≈ ______	982 ≈ ______	7 059 ≈ ______	9 972 ≈ ______
529 ≈ ______	250 ≈ ______	4 045 ≈ ______	77 ≈ ______

3 Trage die Nachbartausender ein und runde auf Tausender.

a) [3 000] 3 347 [ ]
3 347 ≈ ______

b) [ ] 5 748 [6 000]
5 748 ≈ ______

c) [ ] 7 671 [ ]
7 671 ≈ ______

d) [ ] 12 232 [ ]
12 232 ≈ ______

4 Runde auf Tausender.

a)	b)	c)	d)
4 266 ≈ ______	1 025 ≈ ______	5 555 ≈ ______	569 ≈ ______
2 215 ≈ ______	2 495 ≈ ______	2 169 ≈ ______	32 928 ≈ ______
3 823 ≈ ______	8 839 ≈ ______	5 478 ≈ ______	39 821 ≈ ______

5 Wo macht Runden keinen Sinn? Kreuze an.

Lea
Telefonnr.
32168 ○

○

○

Zahlenfolgen

1 Trage den Vorgänger und den Nachfolger ein.

a)

	674	
	7392	
	4099	
	8000	

b)

	239	
	6455	
	3214	
	7529	

c)

	400	
	9600	
	5210	
	4327	

2 Trage die fehlenden Zahlen in die Tabelle ein.

a)

Vorgänger	Zahl	Nachfolger
4725		
		5890
	3199	
5309		
		2734
	4060	
7088		

b)

Vorgänger	Zahl	Nachfolger
2768		
	4399	
		6001
7209		
		3330
	5050	
8999		

3 Bestimme die fehlenden Zahlen in der Folge.

a)

20	30	40								120

b)

115	120	125								165

c)

233	244	255								343

d)

450	440	430								350

e)

235	230	225								185

4 Ergänze jeweils die fehlenden Zahlen.

a)
b)
c)

Vermischte Übungen

1 Ergänze die fehlenden Angaben.

	T	H	Z	E	Zahl
	4	3	7	8	
					5 093
6 T + 4 H + 7 Z + 3 E					
8 T + 9 Z + 7 E					
	7	5	0	6	
					2 553

2 Runde auf Hunderter.

a) 754 ≈ ______ b) 985 ≈ ______ c) 7 354 ≈ ______ d) 2 222 ≈ ______

838 ≈ ______ 407 ≈ ______ 2 983 ≈ ______ 60 ≈ ______

3 Runde auf Tausender.

a) 3 719 ≈ ______ b) 3 056 ≈ ______ c) 3 333 ≈ ______ d) 875 ≈ ______

9 210 ≈ ______ 6 713 ≈ ______ 8 888 ≈ ______ 2 199 ≈ ______

4 Ordne die Zahlen. Beginne mit der kleinsten Zahl. Du erhältst ein Lösungswort.

a) 389 U | 4 398 A | 499 M | 286 P

b) 8 550 W | 8 555 E | 8 055 L | 8 505 Ö

c) 5 088 G | 805 I | 8 005 R | 508 T | 5 805 E

5 Wie heißen die Zahlen?

7 400 7 500 7 600 7 700 7 800 7 900 8 000 8 100 8 200 8 300 8 400 8 500 8 600

6 Ordne die Zahlen zu.

3 965 | 3 978 | 3 999 | 4 012 | 4 028 | 4 044 | 4 063 | 4 072

3 960 3 970 3 980 3 990 4 000 4 010 4 020 4 030 4 040 4 050 4 060 4 070 4 080

7 Bestimme die fehlenden Zahlen in der Folge.

a)

150	165	180								300

b)

2 800	2 600	2 400								800

1

Sportfest in der Bergschule. Das Säulendiagramm zeigt für Jungen und Mädchen der Klasse 5 die Verteilung der Urkunden.

a) Lies die Zahlen im Säulendiagramm ab. Trage sie in die Tabelle ein.

b) Vervollständige die Tabelle.

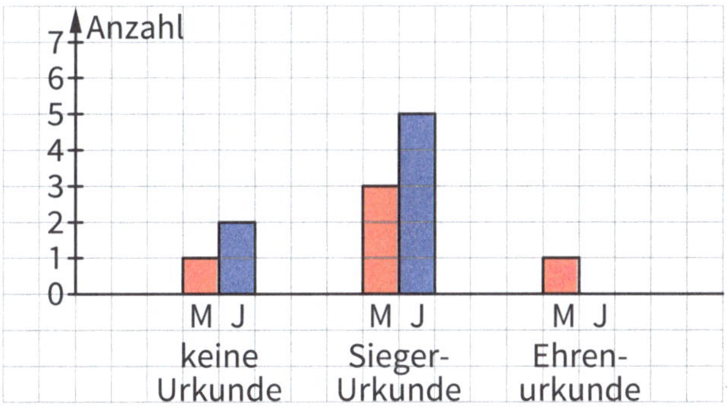

Urkunden in Klasse 5	Mädchen	Jungen	insgesamt
keine Urkunde			
Sieger-urkunde			
Ehren-urkunde			

2 a) Erstelle ein Säulendiagramm zur Tabelle für die Klasse 6.

b) Vervollständige die Tabelle.

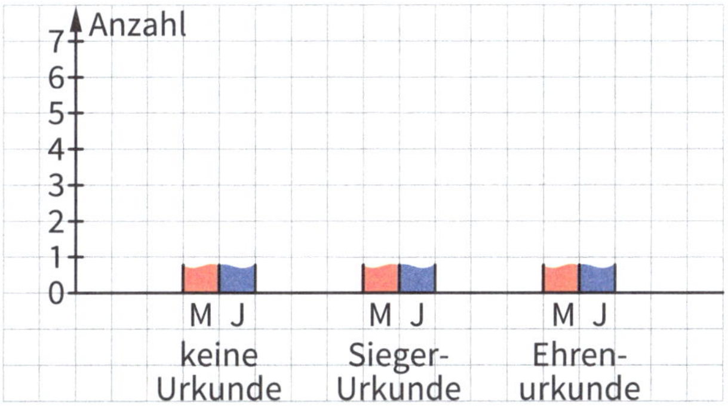

Urkunden in Klasse 6	Mädchen	Jungen	insgesamt
keine Urkunde	2	4	
Sieger-urkunde	3	1	
Ehren-urkunde	1	2	

3 Wie viele Mädchen und wie viele Jungen der Klasse 6 haben eine Urkunde erhalten?

A: ______________________________

Daten ordnen und darstellen

1 Erstelle für jede Schule zu den Ergebnissen ein Säulendiagramm.

	Bergschule		Waldschule		Auschule		Seeschule	
Urkunden	Mädchen	Jungen	Mädchen	Jungen	Mädchen	Jungen	Mädchen	Jungen
keine Urkunde	10	5	0	5	5	10	5	10
Sieger-urkunde	25	30	15	10	25	35	40	15
Ehren-urkunde	15	20	35	25	15	20	25	40

Bergschule

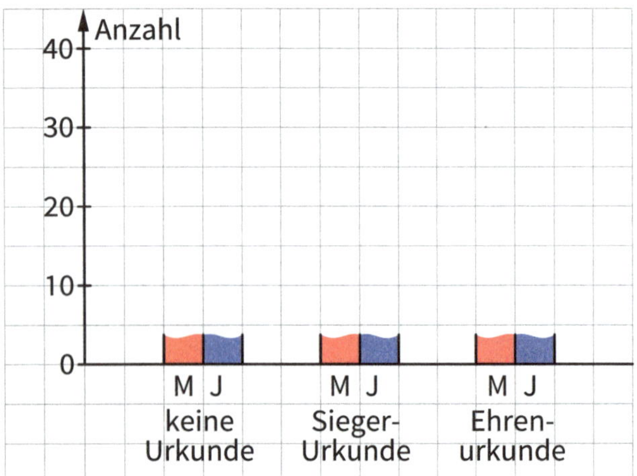

Waldschule

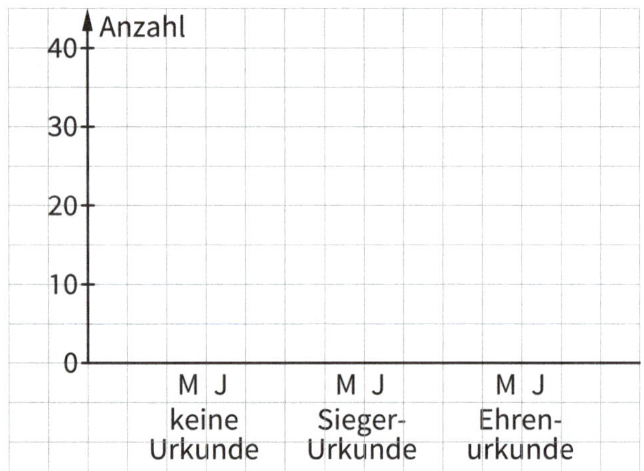

Auschule

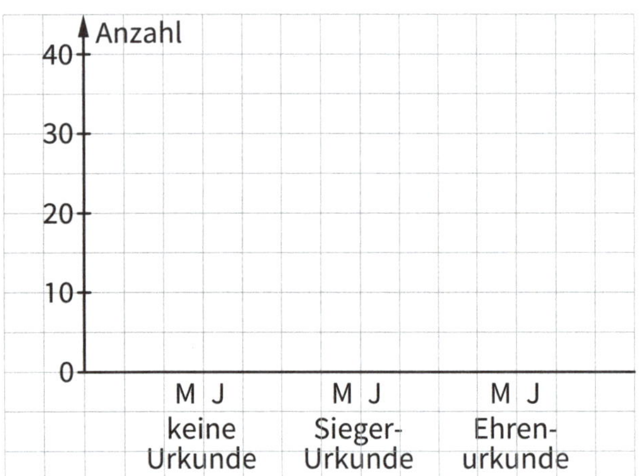

Seeschule

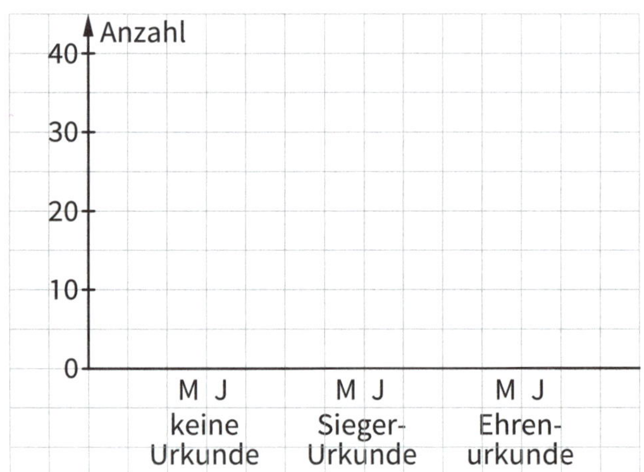

2 a) Wie viele Mädchen besuchen die Bergschule?

A: ____________________

b) Wie viele Mädchen und Jungen der Waldschule haben eine Ehrenurkunde erhalten?

A: ____________________

Ergebnisse einer Umfrage darstellen

Umfrage zur gesunden Ernährung in der Schule am Burgtor:
Frühstückst du, bevor du in die Schule gehst?
Antworten in Klasse 5: immer ~~||||~~ || manchmal ||| nie ||

Vor der Schule frühstücke ich	Klasse 5	Klasse 6	Klasse 7	Klasse 8	Klasse 9	Klasse 10
immer		6	5	5	3	2
manchmal		4	6	5	5	4
nie		2	3	3	5	6

1 Entnimm die Ergebnisse für Klasse 5 der Strichliste und trage sie in die Tabelle ein.

2 Für drei Klassen findest du hier fertige Diagramme. Ordne zu.

Klasse ____________

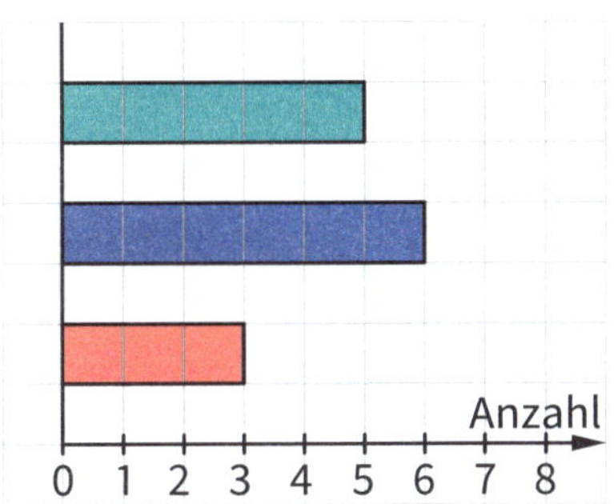

Klasse ____________

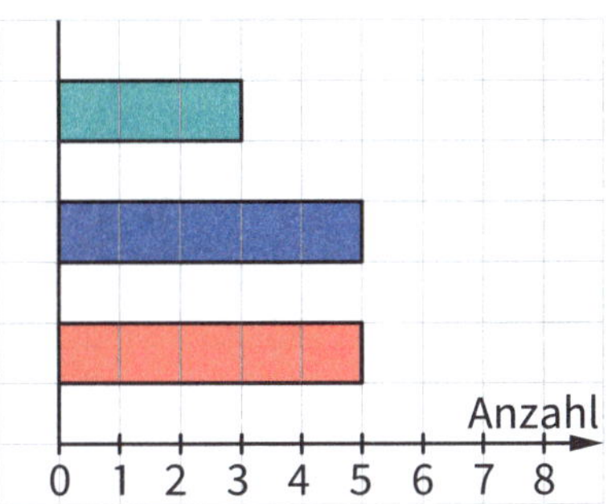

Klasse ____________

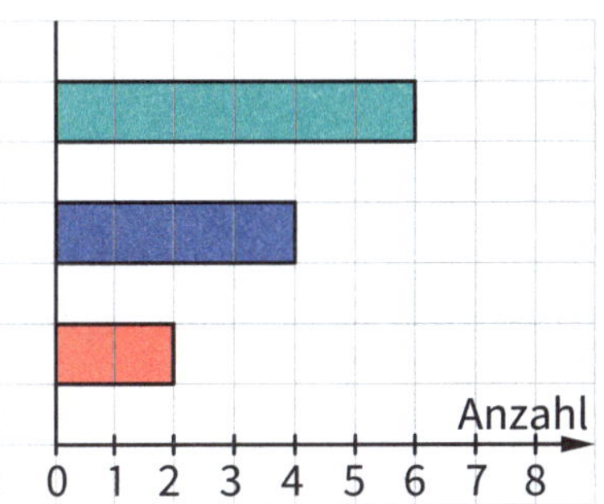

3 Erstelle Diagramme zu den Zahlen in der Tabelle in Aufgabe 1.

Klasse 5

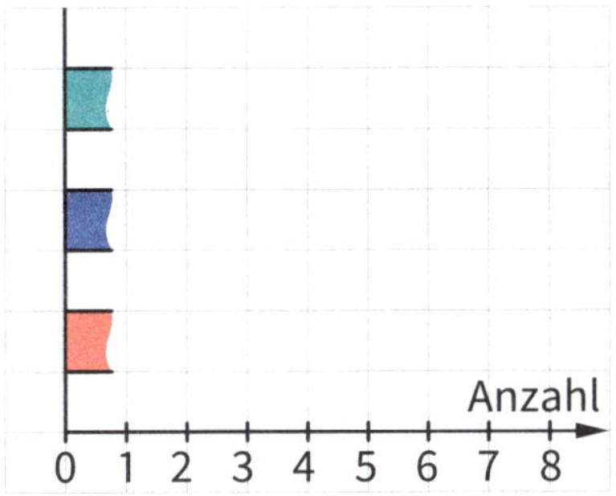

Klasse 8

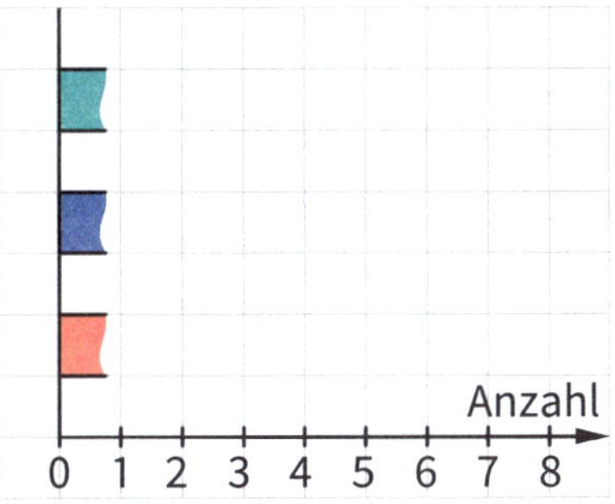

Klasse 10

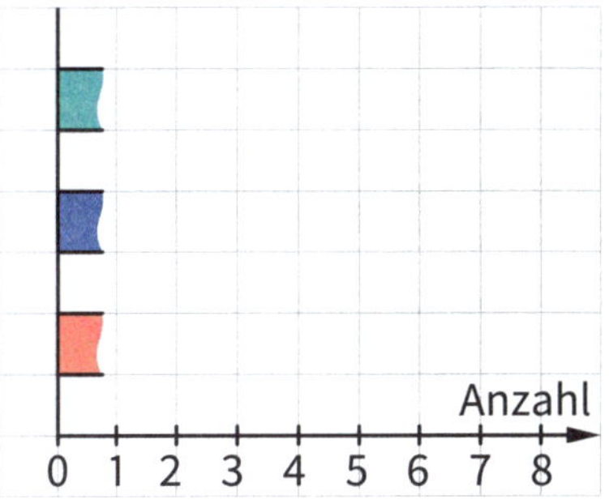

4 Jannik sagt: „Je älter die Schüler werden, desto seltener frühstücken sie vor der Schule.“
Hat Jannik Recht? Begründe deine Antwort.

____

____

____

Vermischte Übungen

Anton	Kea	Adele	Bernd	Moritz	Detlef
12 Jahre	11 Jahre	10 Jahre	12 Jahre	12 Jahre	10 Jahre
Fußball	Handball	Schwimmen	Fußball	Schwimmen	Fußball

1 6 Kinder aus der 5b gehen in den Sportverein.
a) Erstelle ein Balkendiagramm für die Verteilung auf die Sportarten.
b) Erstelle ein Balkendiagramm für das Alter.

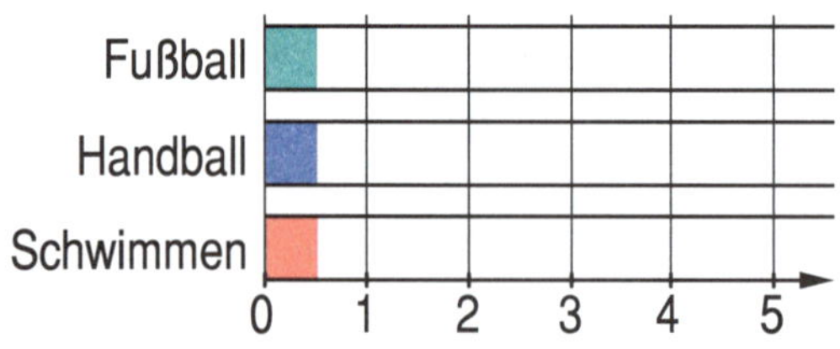

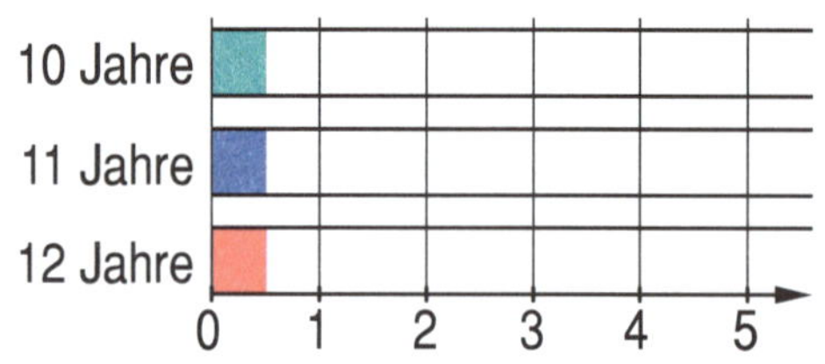

2 Kreuze an:

	stimmt	stimmt nicht	kann man nicht sagen
Die Hälfte der Kinder spielt Fußball.			
Die Hälfte der Jungen spielt Fußball.			
Schwimmen ist so beliebt wie Handball.			
Die meisten Kinder sind 11 Jahre alt.			
Moritz schwimmt schneller als Adele.			

3 Die Strichliste zeigt, wie viele Kinder jeweils in der Sportabteilung sind.
a) Entnimm die Daten der Strichliste und übertrage sie in die Tabelle.
b) Zeichne ein Balkendiagramm.

Strichliste

Fußball	卌 卌 卌 卌 ||||
Handball	卌 卌 卌 |||
Schwimmen	卌 卌 ||||

Tabelle

Fußball	
Handball	
Schwimmen	

Diagramm

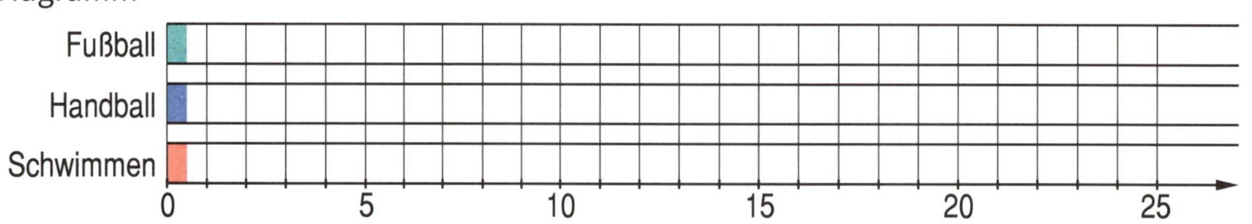

3 Addieren und Subtrahieren

Addition und Subtraktion

1 Ordne zu.

2

a) 30 + 40 = ____
60 + 20 = ____
40 + 60 = ____

b) 64 + 10 = ____
22 + 30 = ____
53 + 20 = ____

c) 50 + 60 = ____
70 + 50 = ____
30 + 90 = ____

d) 120 + 70 = ____
280 + 10 = ____
460 + 30 = ____

3

a) 70 – 30 = ____
60 – 20 = ____
40 – 10 = ____

b) 480 – 60 = ____
260 – 50 = ____
390 – 50 = ____

c) 200 – 80 = ____
500 – 70 = ____
600 – 50 = ____

d) 88 – 21 = ____
71 – 30 = ____
46 – 15 = ____

4 Setze genau so fort.

a) 5 + 2 = ____
50 + 20 = ____
500 + ____ = ____
____ + ____ = ____

b) 4 + 4 = ____
40 + 40 = ____
400 + ____ = ____
____ + ____ = ____

c) 6 – 3 = ____
60 – 30 = ____
600 – ____ = ____
____ – ____ = ____

d) 7 – 1 = ____
70 – 10 = ____
700 – ____ = ____
____ – ____ = ____

5 Die Summe der Zahlen in zwei nebeneinander liegenden Steinen steht im Stein darüber.

a)
[ ]
[ ] [ ]
[35] [ ] [ ]
[20] [15] [10] [5]

b)
[ ]
[ ] [ ]
[20] [ ] [30]
[ ] [12] [23] [ ]

c)
[ ]
[64] [ ]
[ ] [20] [15]
[ ] [12] [ ] [ ]

6 Welche Zahl fehlt hier?

a) 30 + ____ = 90 ____
65 + ____ = 85 ____
21 + ____ = 71 ____
____ + 170 = 200 ____
____ + 560 = 600 ____
____ + 640 = 800 ____

20 E | 30 I | 40 E | 50 R | 60 F | 160 N

b) 90 – ____ = 20 ____
63 – ____ = 53 ____
85 – ____ = 5 ____
____ – 16 = 52 ____
____ – 36 = 33 ____
____ – 51 = 14 ____

10 R | 65 B | 68 A | 70 U | 69 U | 80 L

Addition und Subtraktion

Jan hat zwei Gewinnlose gezogen.

Jan rechnet:
340 + 190 =
340 + 100 = 440
440 + 90 = ___

Tom rechnet:
340 + 190 =
340 + 90 = 430
430 + 100 = ___

Julia rechnet:
340 + 190 =
340 + 200 = 540
540 − 10 = ___

Julia hat schon 530 Lospunkte gesammelt. Sie möchte den Teddy.

Jan rechnet:
530 − 180 =
530 − 100 = 430
430 − 80 = ___

Tom rechnet:
530 − 180 =
530 − 80 = 450
450 − 100 = ___

Julia rechnet:
530 − 180 =
530 − 200 = 330
330 + 20 = ___

1 a) Vervollständige die Rechenwege zur Berechnung der Gesamtpunkte für Jan.
b) Vervollständige die Rechenwege zur Berechnung der Restpunkte für Julia.

2 Führe alle Rechenwege fort. Welcher Weg gefällt dir am besten?

a) 260 + 270 =
260 + 200 = ___
460 + ___ = ___

b) 260 + 270 =
260 + 70 = ___
___ + ___ = ___

c) 260 + 270 =
260 + 300 = ___
___ − 30 = ___

3 a) 570 + 250 =
570 + 200 = ___
___ + ___ = ___

b) 570 + 250 =
570 + 50 = ___
___ + ___ = ___

c) 570 + 250 =
570 + 300 = ___
___ − 50 = ___

4 a) 630 + 190 =
630 + 100 = ___
___ + ___ = ___

b) 630 + 190 =
630 + 90 = ___
___ + ___ = ___

c) 630 + 190 =
630 + 200 = ___
___ − ___ = ___

5 a) 420 − 170 =
420 − 100 = ___
320 − ___ = ___

b) 420 − 170 =
420 − 70 = ___
350 − ___ = ___

c) 420 − 170 =
420 − 200 = ___
___ + 30 = ___

6 a) 640 − 290 =
640 − 200 = ___
440 − ___ = ___

b) 640 − 290 =
640 − 90 = ___
550 − ___ = ___

c) 640 − 290 =
640 − 300 = ___
___ + 10 = ___

Addition und Subtraktion

1 Von Waggon zu Waggon wird es schwieriger.

a)

b)

c)

d)

2 Verbinde mit dem richtigen Ergebnis.

a)		b)		c)	
125 + 25	190	380 – 180	305	255 + 45	50
125 + 65	250	380 – 90	290	255 – 155	480
125 + 95	150	380 – 75	150	255 + 225	300
125 + 125	220	380 – 230	200	255 – 205	100

3 a)

+	20	35	60
150			
320			
560			

b)

+	110	320	230
200			
310			
190			

c)

–	60	110	220
260			
580			
600			

4 a) 235 + ____ = 295
562 + ____ = 582
376 + ____ = 396

b) ____ + 40 = 243
____ + 70 = 486
____ + 50 = 885

c) 436 – ____ = 416
759 – ____ = 729
572 – ____ = 552

d) ____ – 50 = 361
____ – 30 = 749
____ – 80 = 612

5 a)

110	20	50	10

b)

120		150	
	90	70	

c)

120	200		
85			15

Rechnen mit Klammern

Die Klammer wird zuerst berechnet. Sind keine Klammern vorhanden, so rechnet man schrittweise von links nach rechts.

1 a) 24 – (4 + 15) = ____________
= ______

24 – 4 + 15 = ____________
= ______

b) 123 – (13 – 10) = ____________
= ______

123 – 13 – 10 = ____________
= ______

c) 37 – (10 – 2) = ____________
= ______

37 – 10 – 2 = ____________
= ______

d) 78 – (12 + 4) = ____________
= ______

78 – 12 + 4 = ____________
= ______

2 Rechne geschickt. Tim kauft das T-Shirt, die Kappe und die Strümpfe.

F: Wie viel Euro muss Tim bezahlen?

R: ____________________________

A: ____________________________

3 Entscheide dich für eine Rechnung.

a) 17 + 24 + 3 = ____________ 17 + 3 + 24 = ____________

b) 32 + 15 + 8 = ____________ 32 + 8 + 15 = ____________

c) 24 + 6 + 12 = ____________ 24 + 12 + 6 = ____________

d) 180 + 20 + 37 = ____________ 180 + 37 + 20 = ____________

Rechengesetze

1 Paula trägt Zeitungen aus. Sie spart für ein Fahrrad.
Lisa kennt viele Wege zum Ergebnis. Prüfe nach.

68 + 56 =

68 + 50 + 6 =

68 + 6 + 50 =

68 + 2 + 54 =

68 + 32 + 24 =

2 Schreibe mindestens drei Rechenwege auf. Rechne aus.

3 Ergänze.

a) 60

51	
	44
3	

b) 100

89	
	28
66	

c) 80

	45
37	
	21

d) 120

	108
95	
	77

4 Wer hat Fehler gemacht? Kreuze an und berichtige.

a) Bea ☺ ☹
20 – (2 + 3) = 15

b) Finn ☺ ☹
17 + 29 + 13 = 59

c) Lara ☺ ☹
25 – (10 – 5) = 10

d) Hendrik ☺ ☹
34 + 49 + 16 = 89

e) Elif ☺ ☹
39 – (20 + 4) = 15

f) Timo ☺ ☹
28 + (19 – 5) = 52

g) Sina ☺ ☹
64 – (17 – 4) = 43

h) Tonio ☺ ☹
67 – (20 + 3) = 50

Schriftliches Addieren ohne Übertrag

	H	Z	E
Tablet			
Zubehör		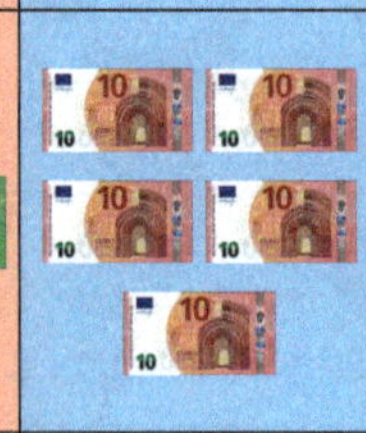	
Zusammen	4	9	8

	H	Z	E
	3	4	2
+	1	5	6
	4	9	8

1

a) 246 + 312

b) 517 + 202

c) 348 + 531

d) 640 + 139

e) 762 + 136

2 Schreibe richtig untereinander. Addiere. Du erhältst ein Lösungswort.

a)
578 + 211 = ______ ___
357 + 122 = ______ ___
604 + 71 = ______ ___
471 + 317 = ______ ___
405 + 72 = ______ ___

b)
162 + 32 = ______ ___
92 + 704 = ______ ___
856 + 130 = ______ ___
374 + 512 = ______ ___
737 + 61 = ______ ___

194	477	479	675	788	789	796	798	886	986
T	T	T	I	F	S	I	E	T	N

3 Ergänze die fehlenden Ziffern.

a) 73_ + 1_4 = _66

b) 3_4 + _62 = 78_

c) _06 + 67_ = 9_9

d) 49_ + _07 = 5_7

e) 6_6 + _3_ = 969

Schriftliches Addieren mit Übertrag

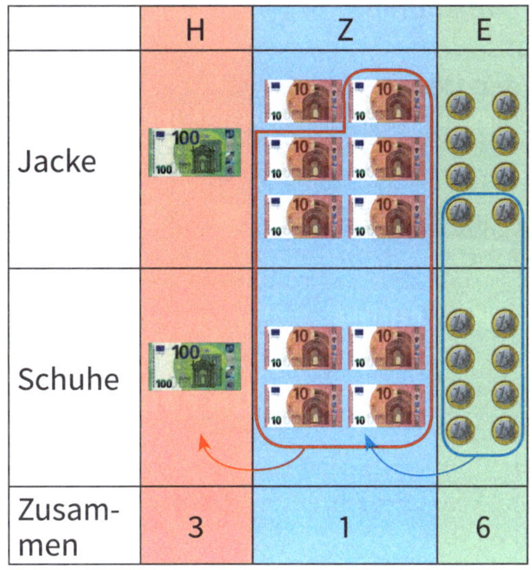

H	Z	E
1	6	8
+ 1	4	8
1	1	
3	1	6

1

a) 348 + 123 = ____

b) 675 + 143 = ____

c) 479 + 342 = ____

d) 706 + 96 = ____

e) 377 + 356 = ____

2 Addiere. Ordne die Ergebnisse den Buchstaben zu. Du erhältst ein Lösungswort.

a) 1 346 + 3 027 = ____

b) 2 078 + 4 251 = ____

c) 4 217 + 3 842 = ____

d) 5 056 + 934 = ____

e) 4 279 + 2 562 = ____

f) 3 599 + 2 011 = ____

g) 8 037 + 888 = ____

h) 5 307 + 3 712 = ____

i) 7 984 + 1 006 = ____

j) 3 999 + 221 = ____

4 220	4 373	5 610	5 990	6 329	6 841	8 059	8 925	8 990	9 019
T	P	N	S	A	E	U	B	O	R

____ ____ ____ ____ ____ ____ ____ ____ ____ ____

3 Bilde mindestens 4 Plusaufgaben.
Die Summe soll jeweils kleiner als 3 000 sein.

Schriftliches Subtrahieren ohne Übertrag

Lea möchte die Gitarre kaufen.
Sie hat 125 € gespart.
Ihre Tante ergänzt den Rest.

257 €

	H	Z	E
	2	5	7
–	1	2	5
	1	3	2

5 + 2 = 7
2 +

	H	Z	E
Preis			
Lea hat			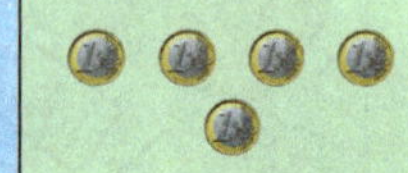
Die Tante ergänzt			

1 Subtrahiere.

a) 576 − 352

b) 853 − 130

c) 783 − 731

d) 924 − 203

e) 648 − 243

2 Schreibe richtig untereinander. Subtrahiere. Du erhältst ein Lösungswort.

a) 678 – 342
357 – 106
766 – 524
492 – 81
806 – 805

b) 987 – 444
185 – 72
495 – 281
688 – 377
754 – 231

1	113	214	242	251	311	336	411	523	543
E	L	O	F	E	C	H	T	K	B

3 Ergänze die fehlenden Ziffern.

a) 85_ − 1_4 = _12

b) 5_4 − _22 = 34_

c) _09 − 10_ = 5_2

d) 64_ − _02 = 5_7

e) 8_2 − _3_ = 210

Schriftliches Subtrahieren mit Übertrag

Tim möchte die Trompete kaufen.
Er hat 128 € gespart.
Die Eltern ergänzen den Rest.

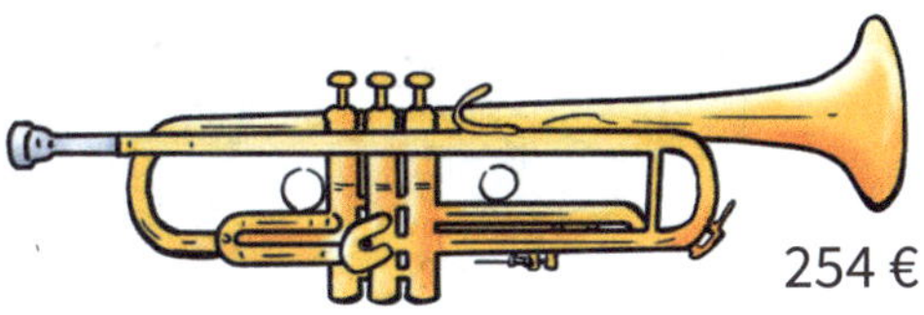

254 €

	H	Z	E
	2	5	4
–	1	2	8
		1	
	1	2	6

8 + 6 = 14
3 +

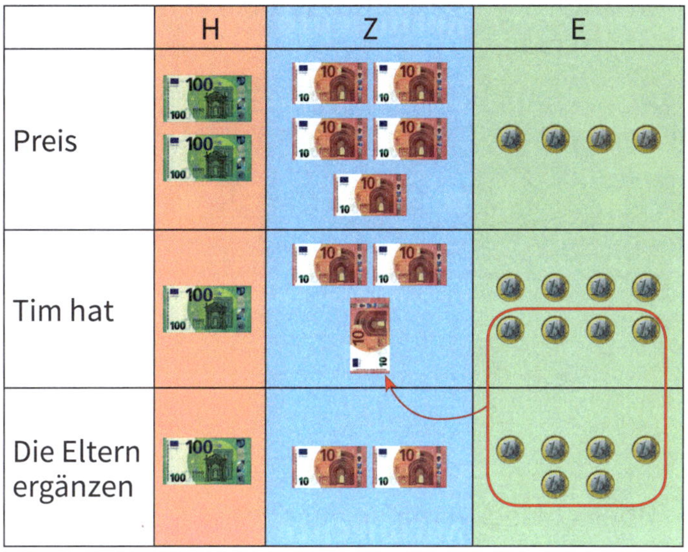

1 Subtrahiere. Denke an den Übertrag.

a) 562 – 248
b) 675 – 338
c) 479 – 186
d) 706 – 537
e) 377 – 108

2 Subtrahiere. Ordne die Ergebnisse den Buchstaben zu. Du erhältst ein Lösungswort.

a) 3421 – 1213
b) 8931 – 5751
c) 4732 – 1383
d) 6076 – 4123
e) 9324 – 3187
f) 5607 – 2343
g) 7435 – 654
h) 2310 – 1620
i) 8503 – 4531
j) 7001 – 992

690	1953	2208	3180	3264	3349	3972	6009	6137	6781
E	H	R	E	N	C	F	T	E	H

3 Bilde mindestens 4 Minusaufgaben. Führe zuerst eine Überschlagsrechnung durch.
Die Differenz soll jeweils kleiner als 5 000 sein.

Addieren und Subtrahieren

1 Uwe hat 500 € gespart. Was kann er dafür kaufen?
Überschlage.

2 Überschlage. Verbinde mit dem richtigen Ergebnis.

a) 391 + 521
872 | 912 | 892

b) 913 – 459
526 | 379 | 454

c) 873 + 421
1 454 | 1 294 | 1 154

d) 2 103 + 3 957
5 130 | 7 310 | 6 060

e) 8 789 – 2 699
6 090 | 5 120 | 7 140

f) 5 021 – 1 786
2 555 | 4 325 | 3 235

3 Bilde Plus- und Minusaufgaben. Das Ergebnis soll jeweils kleiner als 5 000 sein.
Findest du mehr als vier Möglichkeiten pro Sack?

a)

b)

c)

Sachaufgaben

1 a)

Frage:

Rechnung:

Antwort:

b)

Frage:

Rechnung:

Antwort:

2 Familie Lausch fährt in den Osterferien an die Nordsee. Vor der Pause fahren sie 278 km und nach der Pause noch 346 km.

F:

R:

A:

3

F:

R:

A:

Vermischte Übungen

1 Setze die Zahlen richtig ein.

a)

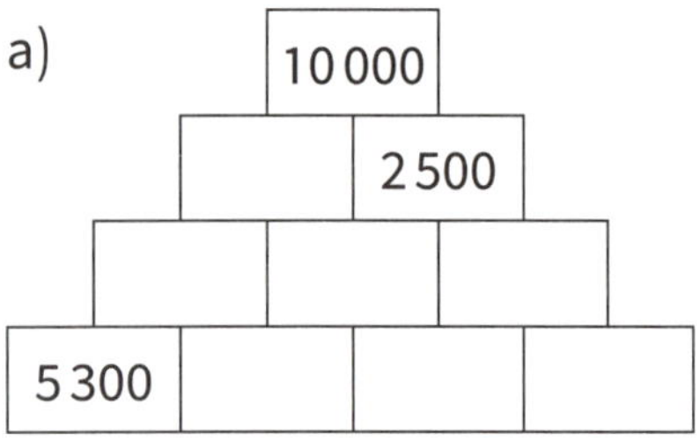

6 000 ~~2 500~~ 200 7 500 ~~10 000~~
1 500 1 000 800 ~~5 300~~ 700

b)

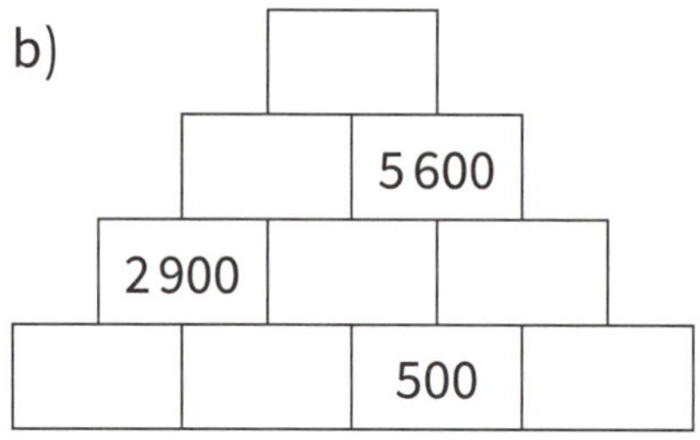

~~500~~ 2 700 9 200 4 400 700
3 600 200 4 900 ~~2 900~~ ~~5 600~~

c)

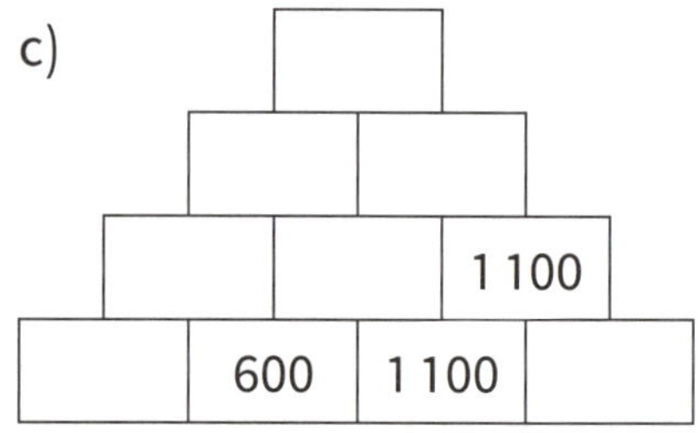

~~600~~ 3 100 1 400 2 800 0
5 900 800 1 700 ~~1 100~~ ~~1 100~~

2

a) 2 105 + 4 287

b) 4 562 + 3 938

c) 7 539 + 1 024

d) 6 329 − 1 032

e) 8 031 − 4 381

f) 7 450 − 2 062

3

a) 4 _ 2 1 + 2 8 _ 3 = _ 9 4 _

b) _ 3 8 _ + 8 _ 1 5 = 9 9 _ 9

c) 6 3 _ 8 − _ 1 5 _ = 2 _ 2 1

d) 8 _ _ 4 − 3 4 0 _ = _ 3 5 3

e) 7 2 _ _ − 1 _ 3 6 = _ 4 7 8

4 Bilde jeweils drei Plus- oder Minusaufgaben. Das Ergebnis soll jeweils kleiner als 3 000 sein.

a)

b)

c)

4 Figuren und Graphen im Koordinatensystem

Orientieren auf einem Wegeplan

1 Welches Feld ist abgebildet?

a) 

b) 

c) 

d) 

2 In welchem Feld befindet sich das Tier?

a) Affe 

b) Löwe 

c) Storch 

d) Robbe 

3 Welches Tier wollen die Besucher sehen?

a) B 5

b) D 6

c) G 1

d) A 6

Koordinatensystem

1 Bei einer Ausgrabung wurden die Ausrüstungsgegenstände eines Ritters gefunden.
Gib die Koordinaten der Fundorte an.

3 nach rechts und 4 nach oben. Der Helm befindet sich bei Punkt (3 | 4).

Helm: A (___ | ___)
Handschuh: B (___ | ___)
Dolch: C (___ | ___)
Axt: D (___ | ___)
Trinkbecher: E (___ | ___)
Krone: F (___ | ___)

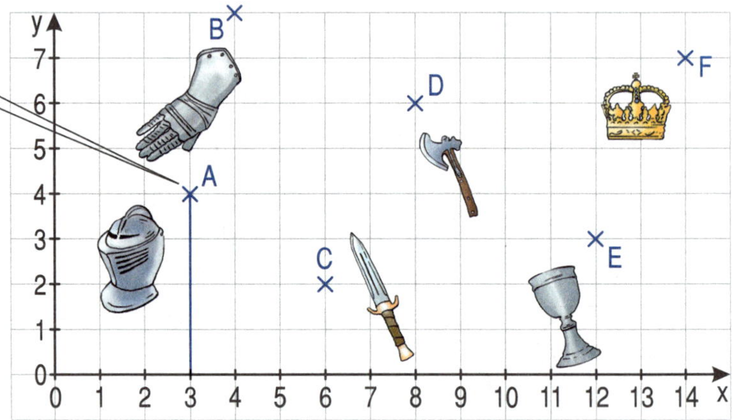

2 a) Auf einer Insel sind Schätze versteckt. Trage die Punkte A (3|5), B (6|6), C (8|2), D (6|9), E (9|7), F (1|7), G (7|9) und H (1|4) in die Karte ein.

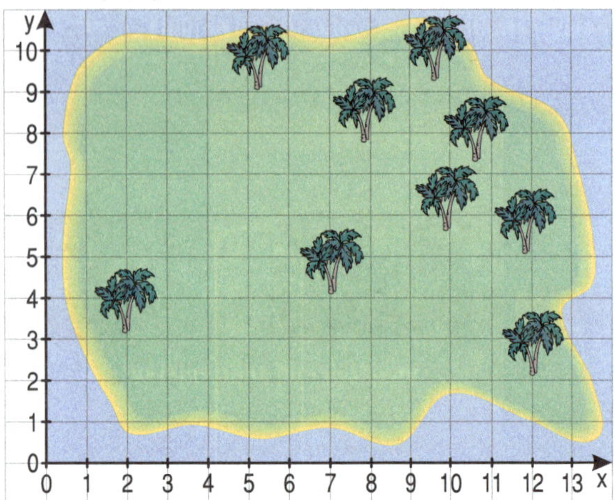

b) Ein Schiff segelt von Insel zu Insel. Trage die Punkte A (5|2), B (6|4), C (10|5), D (11|3), E (8|3), F (10|8), G (2|9) in die Karte ein und verbinde sie.

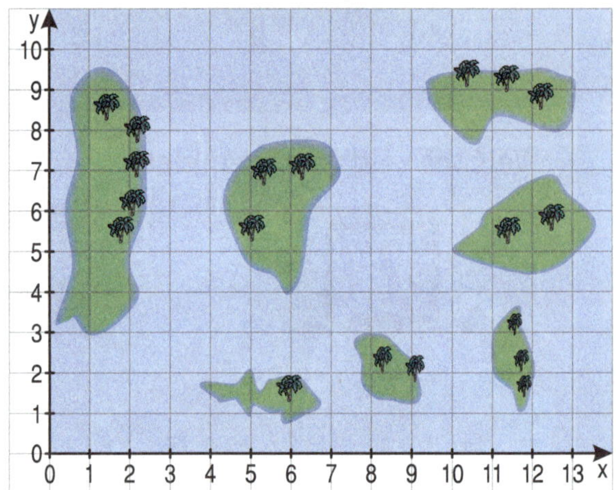

3 Trage die Punkte in das Quadratgitter ein und verbinde sie in der angegebenen Reihenfolge.

a) A (1|4), B (4|1), C (11|1), D (13|4), E (8|4), F (8|10), G (12|5), H (6|5), I (8|8)

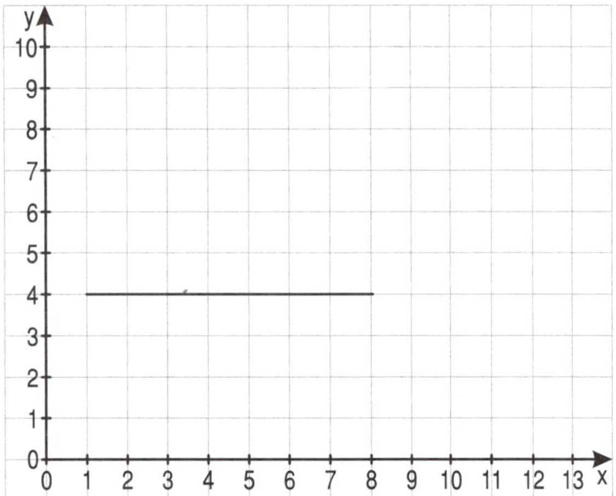

b) A (6|8), B (3|5), C (1|5), D (1|3), E (12|3), F (12|5), G (10|8)

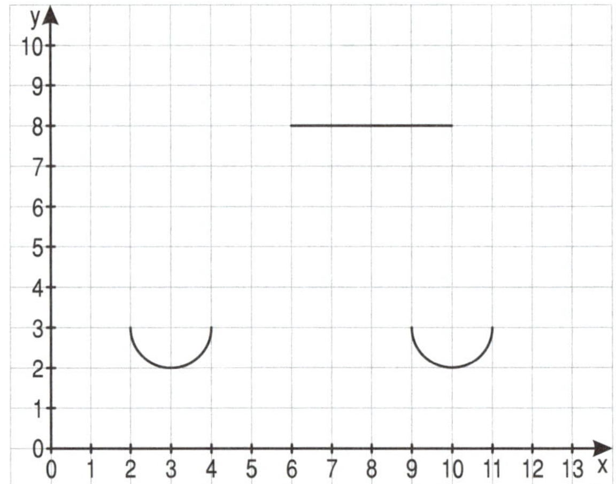

Gerade Linien – Strecke und Gerade

1 Was gehört zusammen? Färbe in der gleichen Farbe.

Gerade

...wird durch zwei Punkte begrenzt ...

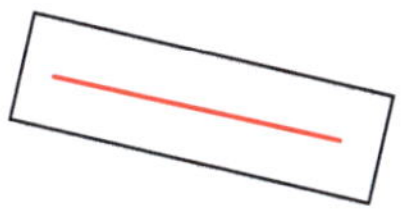

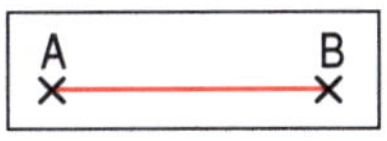

... gerade Linie ohne Anfangs- und Endpunkt ...

Strecke

2 Strecke oder Gerade? Notiere den richtigen Begriff.

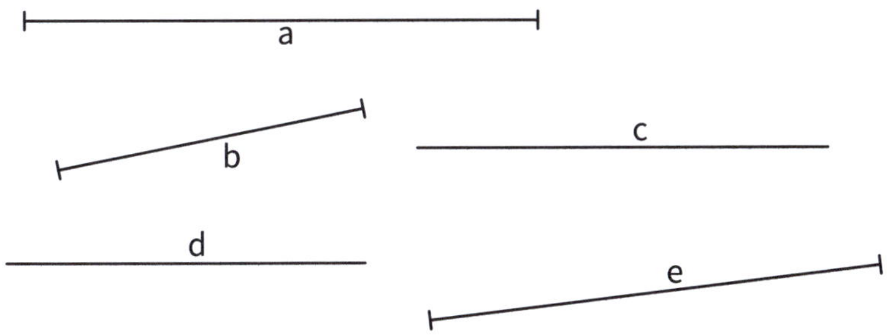

a) ______________________

b) ______________________

c) ______________________

d) ______________________

e) ______________________

3 a) Zeichne die Strecken $\overline{AB}$, $\overline{BD}$ und $\overline{CD}$. Miss die Länge der drei Strecken.

$\overline{AB}$ = ____________ cm,

$\overline{BD}$ = ____________ cm,

$\overline{CD}$ = ____________ cm

b) Peter behauptet: „Zwischen 4 Punkten kann man 6 verschiedene Strecken einzeichnen“. Überprüfe, indem du alle fehlenden Strecken einzeichnest.

4 Zeichne das Muster mit dem Geodreieck weiter.

a)

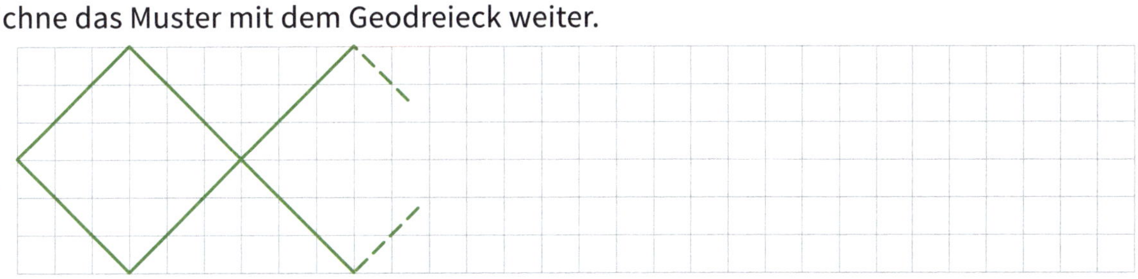

b)

Senkrecht und parallel

1 Was gehört zusammen? Färbe in der gleichen Farbe.

senkrecht

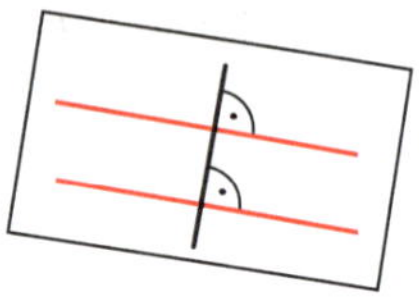

parallel

a || b

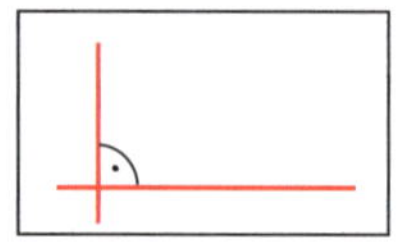

Geraden, die einen rechten Winkel bilden.

a ⊥ b

Geraden, die überall den gleichen Abstand haben.

2 Zeichne die Senkrechten zur Geraden g durch die Punkte A, B, C, D und E.

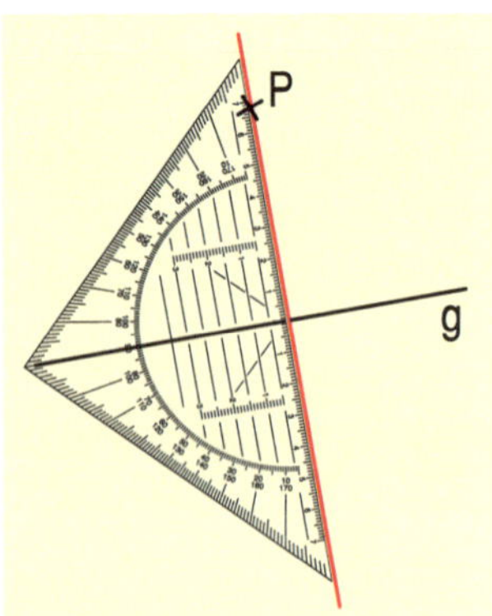

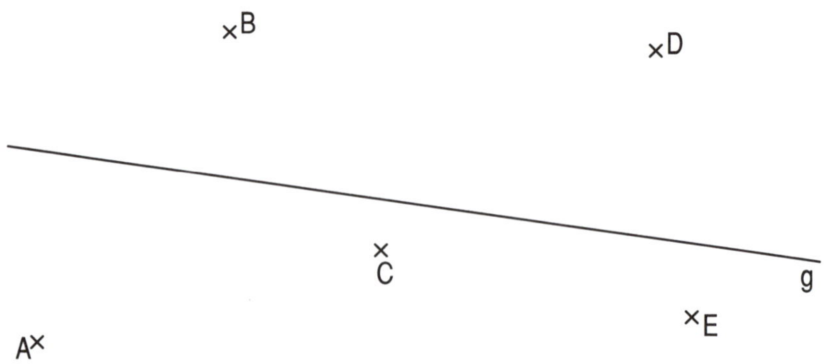

3 Zeichne die Parallelen zur Geraden g durch die Punkte A, B, C, D und E.

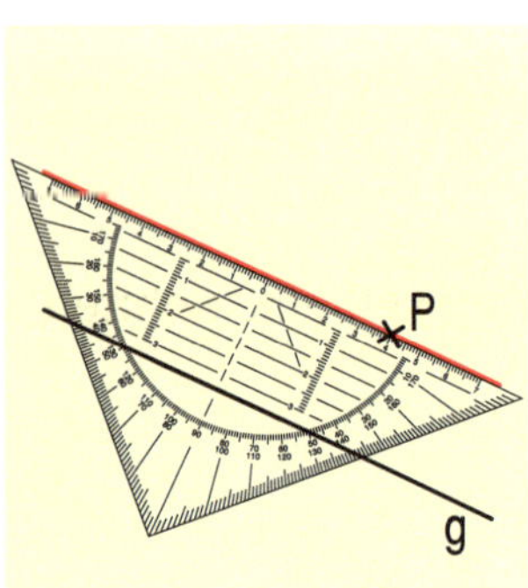

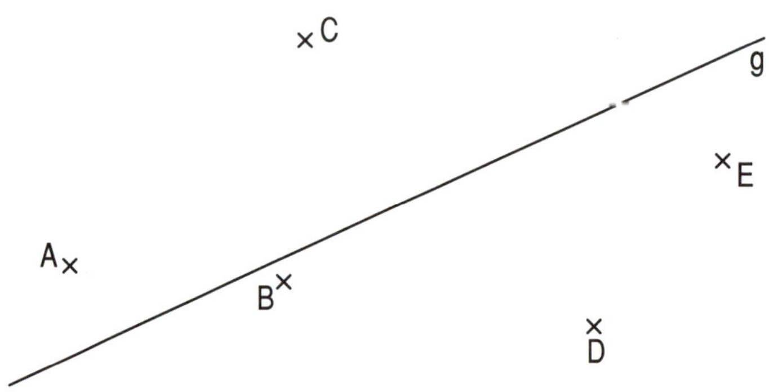

4 Parallel und senkrecht. Zeichne das Muster weiter.

a)

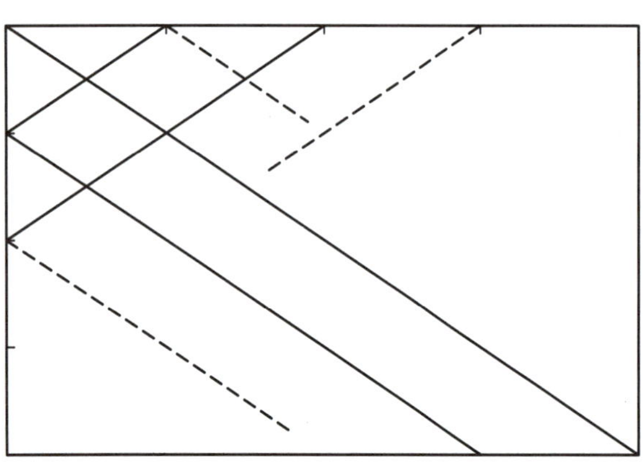

b)

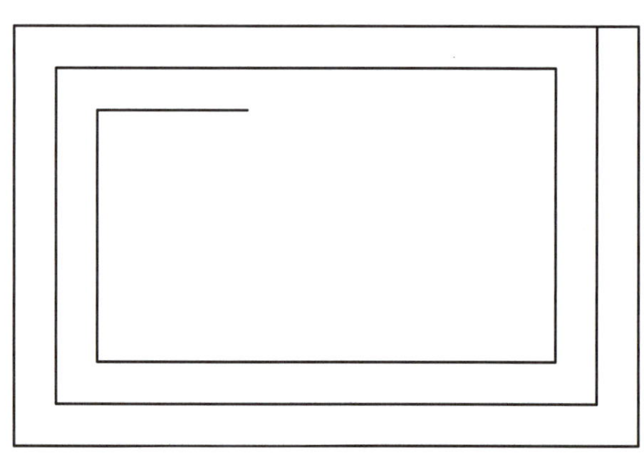

Abstand

1 Welches ist die kürzeste Entfernung zum Tor?
Überprüfe durch Messen und färbe die kürzeste Strecke rot.

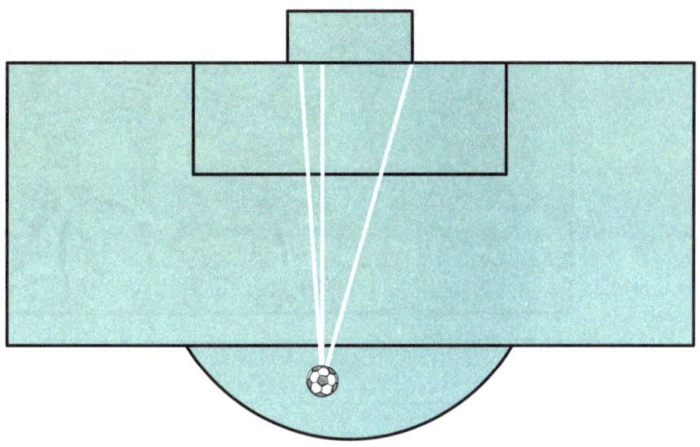

Der Abstand ist die kürzeste Entfernung zwischen einem Punkt (P) und einer Geraden (g).

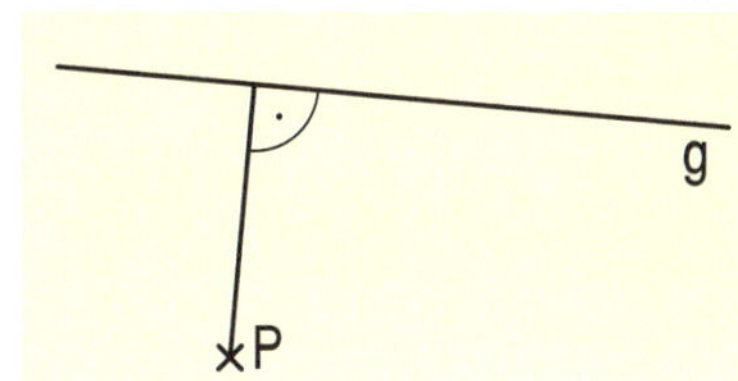

2 Zeichne mit dem Geodreieck die kürzeste Strecke zwischen Insel und Küste ein.

Beispiel:

a)

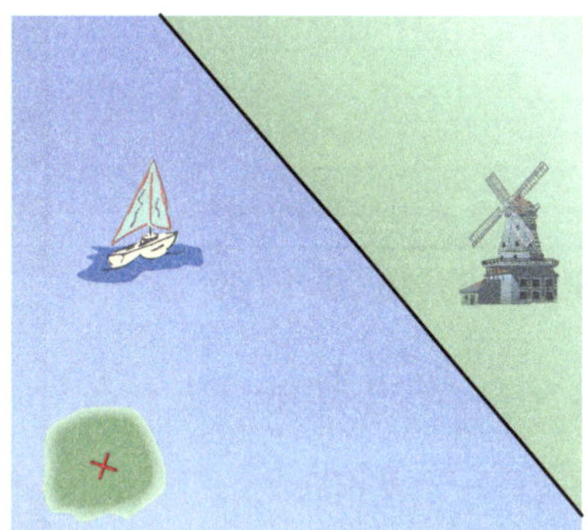

b)

3 Zeichne die Senkrechten zur Geraden g durch die Punkte A, B, C, D und E.
Miss den Abstand des Punktes von der Geraden.

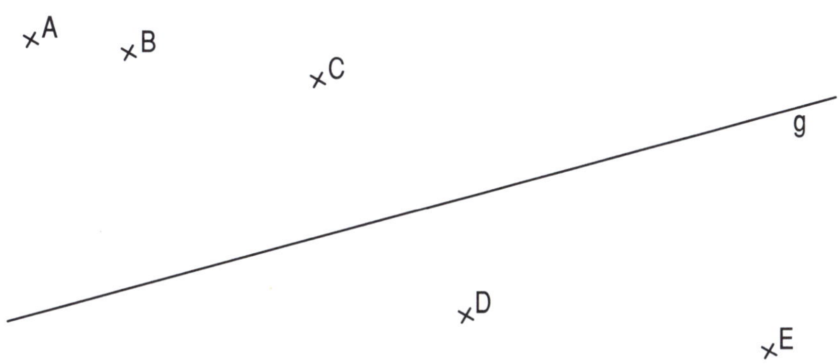

A ______________

B ______________

C ______________

D ______________

E ______________

4 Zeichne eine gemeinsame Senkrechte ein und miss den Abstand zwischen den Parallelen.

a)

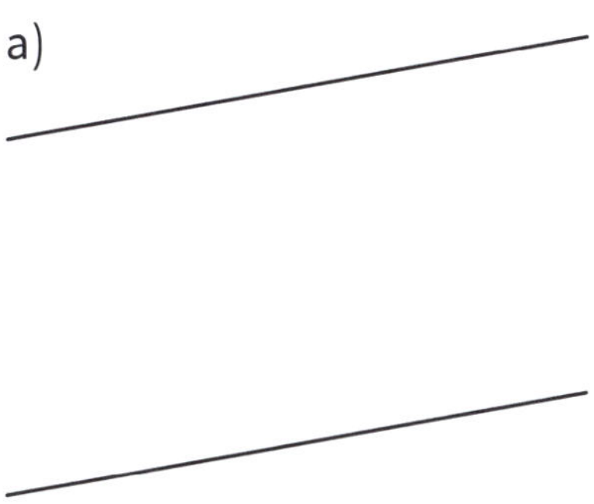

b)

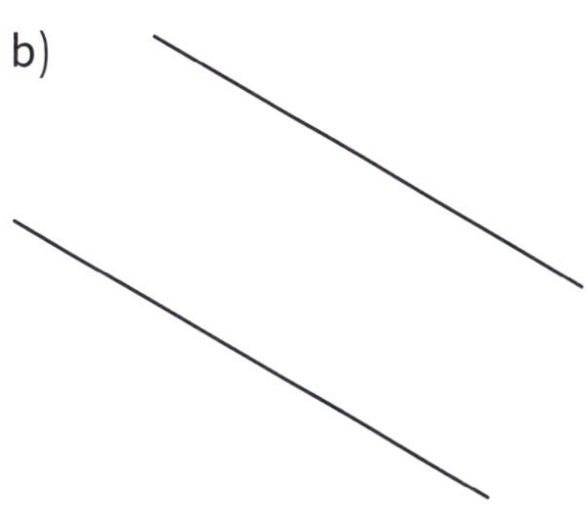

c)

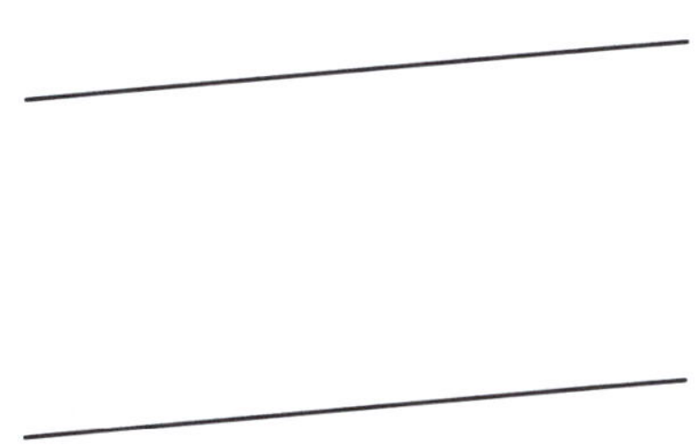

Abstand: ____________ cm   Abstand: ____________ cm   Abstand: ____________ cm

Graphen im Koordinatensystem

1 Die Jugendgruppe macht eine Fahrradtour ins Zeltlager.

a) Lies im Schaubild die Uhrzeiten und Weglängen ab und trage sie in die Tabelle ein.

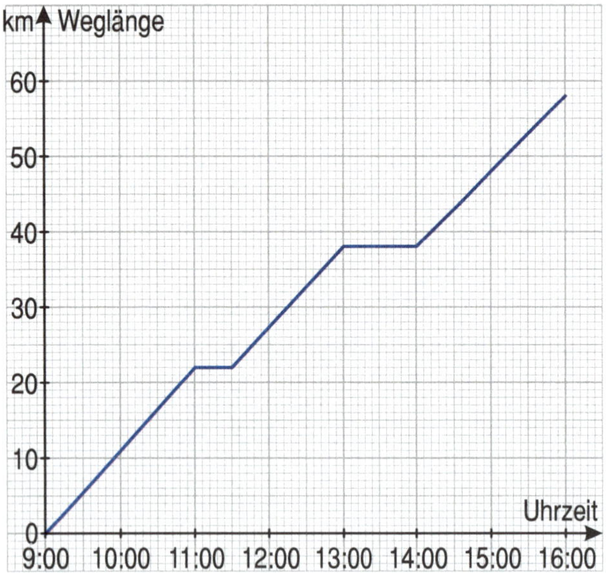

	Uhrzeit	Weglänge
Abfahrt		0 km
1. Pause	11:00 Uhr	
Mittagspause	13:00 Uhr	38 km
Ankunft		58 km

b) Ergänze die fehlenden Angaben in diesem Text:

Die Abfahrt ist um ______ Uhr. Die Jugendlichen fahren zunächst ______ Stunden lang ohne Unterbrechung. Die erste Pause beginnt um ______ Uhr und dauert ______ Minuten. Bis hierhin werden ______ km zurückgelegt.

Danach werden bis zur Mittagspause weitere ______ km gefahren.

Die Mittagspause beginnt um ______ Uhr und dauert genau ______ Stunde.

Um ______ Uhr wird die Fahrt fortgesetzt.

Es sind jetzt noch genau ______ km bis zum Zeltlager.

Die Gruppe benötigt für diese Teilstrecke ______ Stunden. Bei der Ankunft ist es ______ Uhr. Die Gesamtstrecke von der Abfahrt bis zum Ziel beträgt ______ km.

c) Kreuze die richtigen Aussagen an.

- ◯ Um 10:00 Uhr haben die Jugendlichen mehr als 30 km zurückgelegt.
- ◯ Um 13:30 Uhr ist bereits eine halbe Stunde seit Beginn der Mittagspause vergangen.
- ◯ Nach 7 Stunden erreicht die Jugendgruppe das Zeltlager.

Graphen im Koordinatensystem

1 Sedat besucht seinen Freund. Er fährt mit dem Fahrrad zur Bushaltestelle und dann mit dem Bus zum Stadtrand.
Lies die Uhrzeiten und Weglängen im Schaubild ab und trage sie in die Tabelle ein.

	Uhrzeit	Weglänge
Abfahrt zur Haltestelle		
Ankunft an der Haltestelle		
Beginn der Busfahrt		
Ankunft		

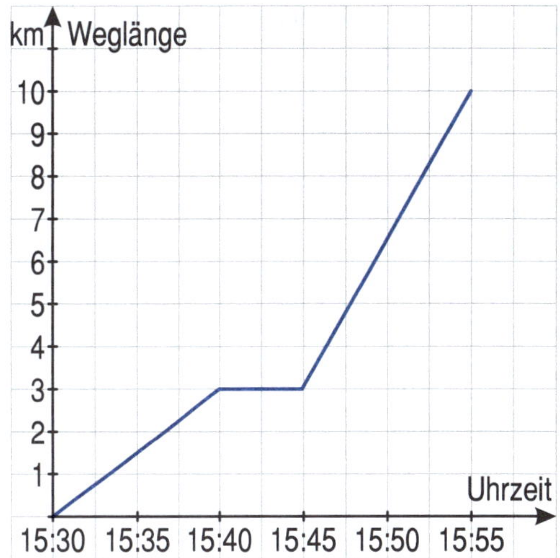

2 Helene und Chiara wandern zur Burg Lichtenfels und zurück. Insgesamt legen sie 20 km zurück. Um 16 Uhr sind sie wieder zu Hause.

a) Vervollständige die Tabelle und das Schaubild.

	Uhrzeit	Weglänge
Abmarsch		0 km
Beginn des Picknicks		
Ende des Picknicks		
Ankunft an der Burg	12:00 Uhr	
Abstieg von der Burg	12:30 Uhr	
Ankunft am Baggersee		14 km
Abmarsch vom Baggersee	14:30 Uhr	
Ankunft zu Hause		

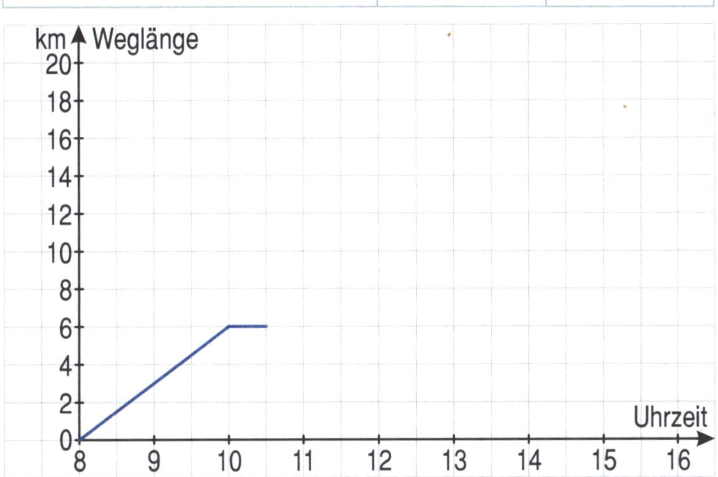

b) Kreuze die wahren Aussagen an.

- ◯ Von zu Hause bis zur Burg sind Helene und Chiara 10 km gewandert.
- ◯ Die Entfernung von der Burg zum Baggersee beträgt 4 km.
- ◯ Vom Baggersee bis nach Hause haben die Mädchen 3 Stunden gebraucht.

Vermischte Übungen

1 Trage die Punkte in das Koordinatensystem ein und verbinde sie in der angegebenen Reihenfolge.

a) A (3|8), B (5|6), C (5|8), D (10|8), E (10|1), F (5|1), G (5|4), H (3|7)

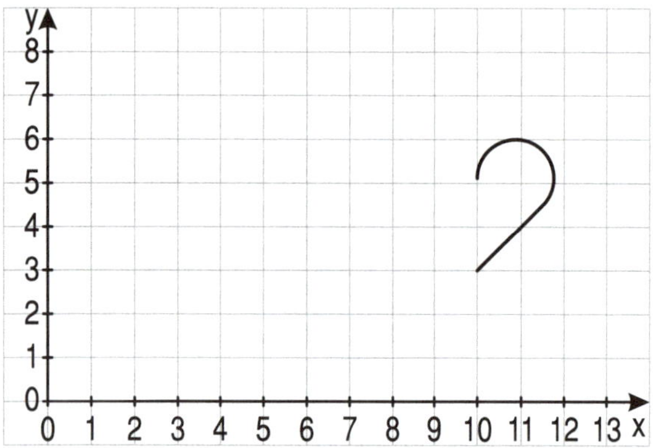

b) A (3|6), B (1|6), C (5|2), D (3|1), E (9|1), F (7|2), G (11|6), H (9|6)

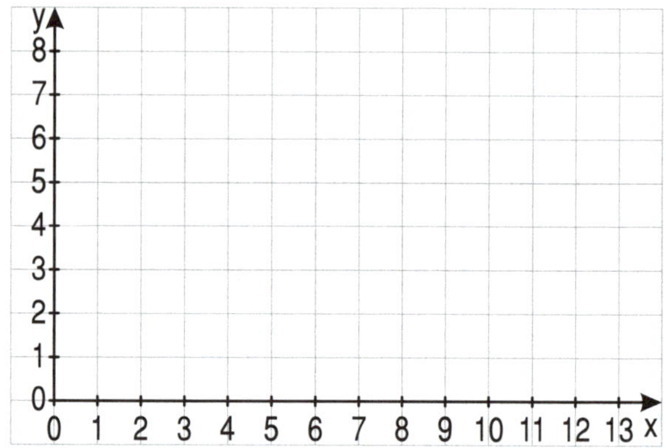

2 Parallel und senkrecht. Zeichne die Muster weiter.

a)

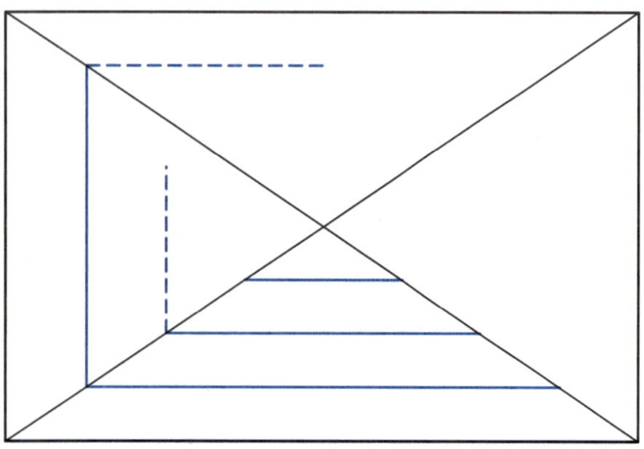

b)

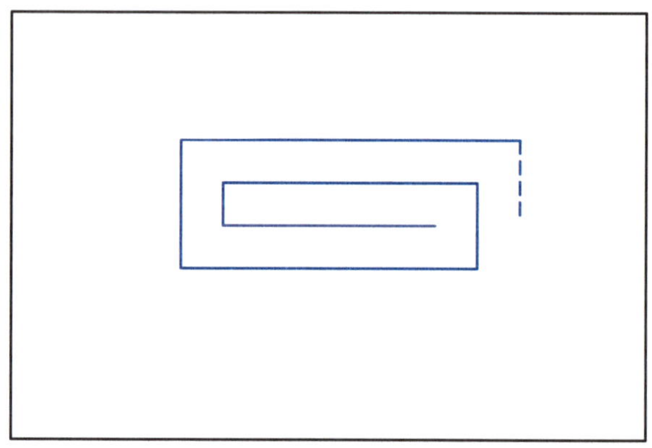

3 Wie weit sind die Kugeln vom roten Rand entfernt? Zeichne den Abstand ein und miss die Länge.

a)

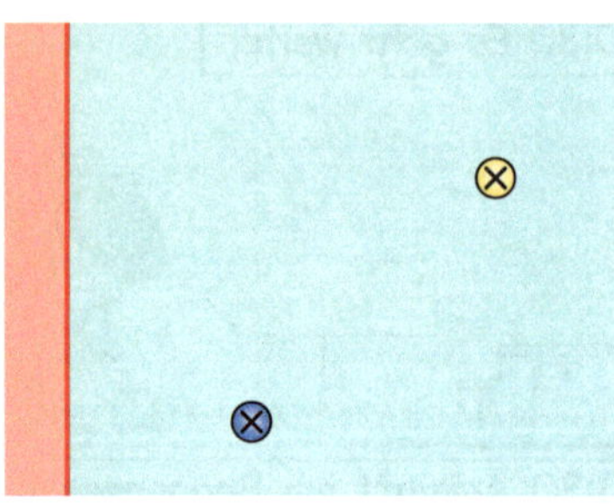

gelb: ______ blau: ______

b)

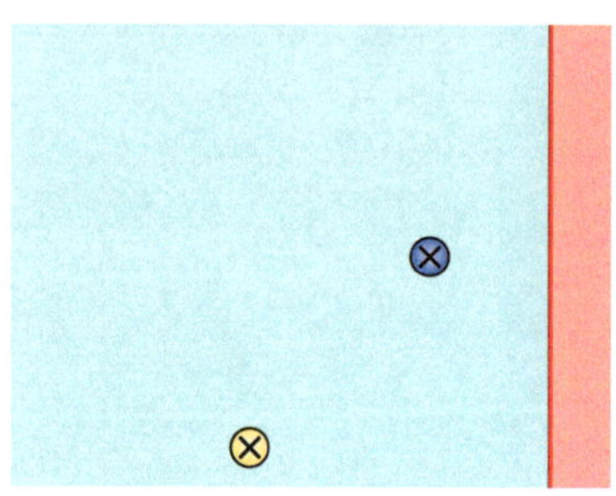

gelb: ______ blau: ______

c)

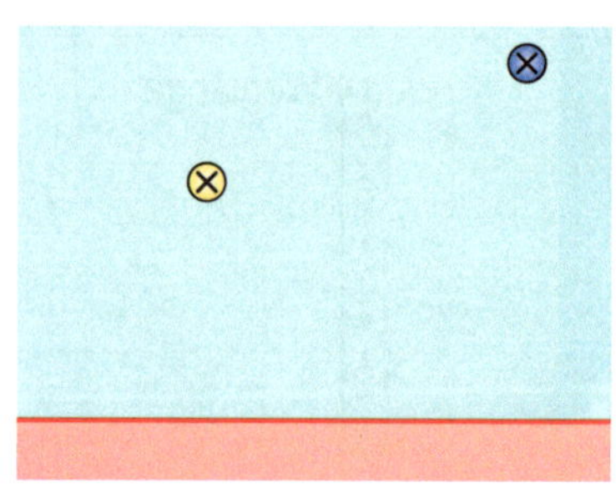

gelb: ______ blau: ______

4 Zeichne die Parallelen zur Geraden g durch die Punkte A, B, C und D.

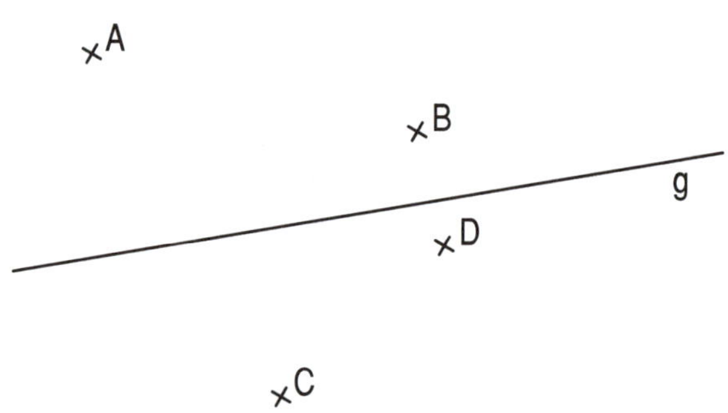

5 Multiplizieren und Dividieren

Multiplikation und Division

1 Berechne die Produkte. Trage die Buchstaben bei den Lösungszahlen ein.

a) 3 · 9 = ____ N 4 · 9 = ____ S
4 · 7 = ____ A 2 · 6 = ____ A
6 · 4 = ____ A 3 · 5 = ____ N

12	15	24	27	28	36

b) 8 · 5 = ____ L 6 · 8 = ____ E
7 · 6 = ____ O 9 · 5 = ____ N
4 · 4 = ____ M 3 · 7 = ____ E

16	21	40	42	45	48

2 Berechne die Quotienten.

a) 35 : 5 = ____ U 56 : 7 = ____ B
12 : 4 = ____ T 32 : 8 = ____ R
36 : 6 = ____ A 81 : 9 = ____ E

3	4	6	7	8	9

b) 45 : 9 = ____ R 24 : 4 = ____ A
28 : 4 = ____ N 63 : 7 = ____ E
48 : 6 = ____ G 18 : 9 = ____ O

2	5	6	7	8	9

3 Welche Zahl fehlt? Streiche die Zahl im Streifen durch. Eine Zahl bleibt übrig.

a) 3 · ____ = 27
____ · 5 = 40
7 · ____ = 42

b) ____ · 6 = 24
5 · ____ = 35
____ · 8 = 24

c) 35 : ____ = 7
____ : 6 = 5
16 : ____ = 8

d) ____ : 4 = 8
____ : 6 = 7
____ : 3 = 9

2	3	4	5	6	7	8	9	21	27	30	32	42

Kopfrechnen mit Zehnern und Hundertern

1 a) 3 · 2 = ___ b) 4 · 8 = ___ c) 5 · 6 = ___ d) 7 · 3 = ___

3 · 20 = ___ 4 · 80 = ___ 5 · 60 = ___ 7 · 30 = ___

3 · 200 = ___ 4 · 800 = ___ 5 · 600 = ___ 7 · 300 = ___

2 40 · 3 = ___ K 70 · 5 = ___ N 80 · 4 = ___ E 40 · 20 = ___ H

80 · 6 = ___ A 60 · 4 = ___ A 50 · 8 = ___ F 60 · 50 = ___ R

20 · 9 = ___ L 90 · 3 = ___ S 40 · 7 = ___ S 80 · 40 = ___ T

120	180	240	270	280	320	350	400	480	800	3 000	3 200

3 a)

·	30	50	70
5			
8			
7			

b)

·	40		80
6			
3		60	
9			

c)

·	200		500
3		1 800	
	1 800		
5			

4 a) 8 · ___ = 240 b) 90 · ___ = 360 c) 2 · ___ = 1 800 d) ___ · 300 = 1 200

___ · 60 = 240 ___ · 60 = 360 ___ · 9 = 1 800 600 · ___ = 1 200

3 · ___ = 240 40 · ___ = 360 600 · ___ = 1 800 ___ · 3 = 1 200

5 Rechne. Mache auch die Probe.

a) 150 : 5 = ___ b) 210 : 3 = ___ c) 160 : 4 = ___ d) 300 : 5 = ___

Probe: ___ Probe: ___ Probe: ___ Probe: ___

e) 270 : 9 = ___ f) 560 : 7 = ___ g) 420 : 6 = ___ h) 280 : 4 = ___

Probe: ___ Probe: ___ Probe: ___ Probe: ___

6 a) 160 : 20 = ___ b) 270 : 90 = ___ c) 150 : 30 = ___ d) 400 : 50 = ___

Probe: ___ Probe: ___ Probe: ___ Probe: ___

e) 640 : 80 = ___ f) 420 : 70 = ___ g) 360 : 60 = ___ h) 320 : 40 = ___

Probe: ___ Probe: ___ Probe: ___ Probe: ___

Multiplikation

1 Wie viel Euro müssen die Jugendlichen bezahlen?

a)

4 · 13 = ____

4 · 10 = 40
4 · 3 = 12

b)

3 · 13 = ____

3 · 10 = ____
____ = ____

c)

____ = ____

____ = ____
____ = ____

2

a) 2 · 24 = ____
2 · 20 = ____
2 · 4 = ____

b) 3 · 32 = ____
3 · 30 = ____
3 · 2 = ____

c) 4 · 31 = ____
4 · 30 = ____
4 · 1 = ____

d) 3 · 52 = ____
3 · 50 = ____
3 · 2 = ____

e) 5 · 36 = ____
5 · 30 = ____
5 · 6 = ____

f) 7 · 55 = ____

g) 6 · 44 = ____

h) 3 · 78 = ____

3

a)

·	21	33	62
3			
2			
4			

b)

·	42	54	75
3			
5			
2			

c)

·	38	62	81
2			
4			
5			

4

a) 4 · 120 = ____
4 · 100 = ____
4 · 20 = ____

b) 5 · 110 = ____

c) 3 · 230 = ____

d) 4 · 210 = ____

e) 4 · 150 = ____

f) 6 · 130 = ____

g) 5 · 140 = ____

h) 4 · 170 = ____

Rechengesetze

1 Ordne die Rechenterme den Aufgaben zu.

Timo kauft für sich und für seine drei Freunde Kinokarten und je eine Tüte Popcorn.	Lara kauft drei Kinokarten und zwei Cola.	Leo kauft zwei Kinokarten, zwei Cola und zwei Tüten Popcorn.
$3 \cdot 6 + 2 \cdot 2$	$4 \cdot 6 + 4 \cdot 3$	$2 \cdot (6 + 2 + 3)$

2 Punktrechnung (· und :) geht vor Strichrechnung (+ und –). Was in der Klammer steht, wird zuerst ausgerechnet.

a) $20 + 2 \cdot 3$ = ______
= ______
$(20 + 2) \cdot 3$ = ______
= ______

b) $3 \cdot (5 + 2)$ = ______
= ______
$3 \cdot 5 + 2$ = ______
= ______

c) $5 \cdot (6 + 7)$ = ______
= ______
$5 \cdot 6 + 7$ = ______
= ______

d) $12 - 8 : 2$ = ______
= ______
$(12 - 8) : 2$ = ______
= ______

e) $(14 - 2) \cdot 3$ = ______
= ______
$14 - 2 \cdot 3$ = ______
= ______

f) $(18 - 6) : 3$ = ______
= ______
$18 - 6 : 3$ = ______
= ______

3

F: Wie viel Geld ist noch übrig?

R: $5 \cdot 6 - 5 \cdot 4$ =

30 – ____ = ____

A: ______________________

4

F: Wie viel Euro muss jeder noch bezahlen?

R: ______________________

A: ______________________

____

Schriftliches Multiplizieren

Die Burgtor-Schule kauft 3 Streetball-Tore. Jedes Tor kostet 231 €.

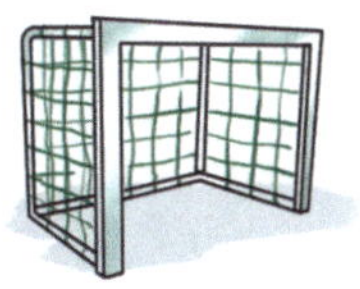

Also 3-mal

H	Z	E	
2	3	1	· 3
		3	

$3 \cdot 1E = 3E$

→

H	Z	E	
2	3	1	· 3
	9	3	

$3 \cdot 3Z = 9Z$

→

H	Z	E	
2	3	1	· 3
6	9	3	

$3 \cdot 2H = 6H$

1 Rechne schriftlich.

a) 2 4 2 · 2 b) 3 3 4 · 2 c) 2 2 3 · 3 d) 1 3 2 · 3 e) 1 2 1 · 4

f) 3 0 4 · 2 g) 3 2 1 · 3 h) 2 2 0 · 4 i) 1 0 3 · 3 j) 4 0 4 · 2

2 Wie teuer sind die Anschaffungen?

a) 3 Tischtennisplatten b) 4 Bänke c) 2 Klettergerüste

3 Ergänze die fehlenden Ziffern.

a) 2 __ 2 · 4 = 8 4 __

b) 4 __ 3 · 2 = __ 0 __

c) __ 1 __ · 3 = 9 3 6

d) 3 __ 3 · 2 = __ 8 6

4 Achte auf die Nullen.

a) 2 3 1 · 3 0 b) 1 2 1 · 4 0 c) 4 0 3 · 2 0 d) 2 1 3 · 3 0

e) 4 2 · 2 0 0 f) 3 1 · 2 0 0 g) 2 3 · 3 0 0 h) 1 2 · 4 0 0

Schriftliches Multiplizieren

H	Z	E	
2	1	3	· 4
		2	

Schreibe 2
Merke 1

4 · 3E = 12E
12E = 1Z 2E

→

H	Z	E	
2	1	3	· 4
	5	2	

4 · 1Z = 4Z
4Z + 1Z = 5Z

→

H	Z	E	
2	1	3	· 4
8	5	2	

4 · 2H = 8H

1 Rechne schriftlich.

a) 426 · 2 b) 342 · 4 c) 524 · 3 d) 365 · 5 e) 451 · 4
f) 246 · 6 g) 317 · 7 h) 625 · 2 i) 286 · 6 j) 734 · 3

2 Berechne die Einnahmen im Fahrradladen.

a) 6 Helme

b) 7 Schlösser

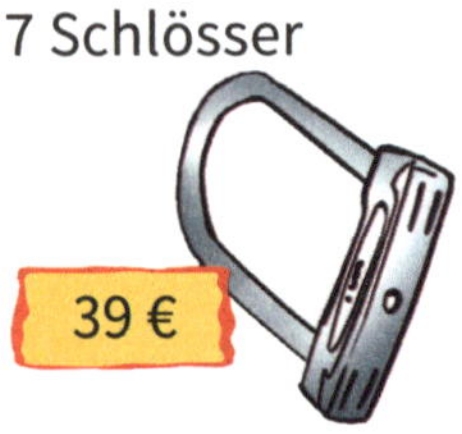

c) 5 Fahrräder

d) 4 Mountainbikes

3 Nicht alle Aufgaben wurden richtig gerechnet. Berichtige.

a) 242 · 3 = 626 b) 104 · 3 = 312 c) 220 · 4 = 88 d) 235 · 3 = 695 e) 452 · 5 = 2260

4 Im Kopf oder schriftlich?

Im Kopf: 300 · 3 =

~~300 · 3~~ 20 · 40
~~395 · 3~~ 473 · 2
13 · 30 521 · 4
468 · 3 320 · 3
230 · 3 623 · 2

Schriftlich: 395 · 3

Schriftliches Multiplizieren

3	1	2	·	2	3
		6	2	4	

Mit den Zehnern multiplizieren

→

3	1	2	·	2	3
		6	2	4	
			9	3	6

Mit den Einern multiplizieren

→

3	1	2	·	2	3
		6	2	4	
			9	3	6
		1			
		7	1	7	6

Addieren

1 a) 5 3 1 · 2 4 b) 3 8 5 · 3 5 c) 4 2 7 · 4 1 d) 8 1 4 · 1 6

2 Was gehört zusammen? Färbe jeweils mit der gleichen Farbe.

Aufgabe	Überschlag	Überschlags-ergebnis	genaues Ergebnis
437 · 66	500 · 20	6 000	6 656
208 · 32	400 · 70	10 000	28 842
396 · 19	200 · 30	28 000	7 524
516 · 24	400 · 20	8 000	12 384

3 Mache zuerst einen Überschlag. Dann rechne genau.

a) 423 · 32
Überschlag: ______

b) 637 · 28
Überschlag: ______

c) 583 · 43
Überschlag: ______

d) 803 · 19
Überschlag: ______

4 Das Produkt soll kleiner als 3 000 sein. Rechne zwei Aufgaben.

a)

Aufgabe: ______

Aufgabe: ______

b)

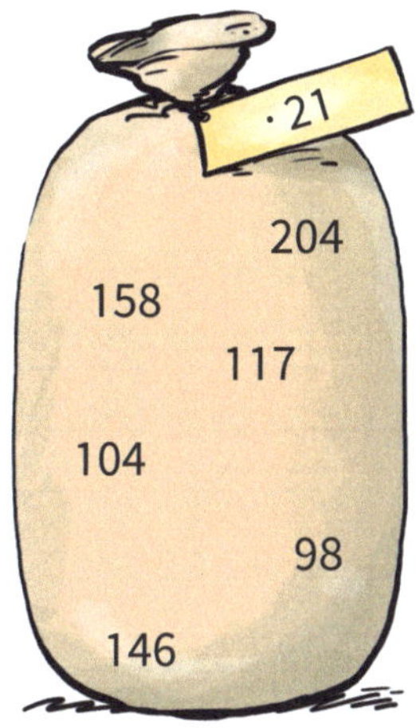

Aufgabe: ______

Aufgabe: ______

Schriftliches Dividieren

2	0	8	2	:	3	=	6		2	0	8	2	:	3	=	6	9		2	0	8	2	:	3	=	6	9	4							
1	8								1	8									1	8															
	2		6 · 3 = 18							2	8									2	8														
										2	7									2	7														
											1			9 · 3 = 27							1	2								P	r	o	b	e	
																					1	2								6	9	4	·	3	
																						0		4 · 3 = 12							2	0	8	2	

1 Bei diesen Aufgaben bleibt ein Rest.

a) 34 : 4 = ___ R ___   b) 42 : 5 = ___ R ___   c) 19 : 6 = ___ R ___   d) 50 : 7 = ___ R ___

23 : 7 = ___ R ___   38 : 6 = ___ R ___   46 : 8 = ___ R ___   32 : 3 = ___ R ___

2 Dividiere schriftlich.

a) 75 : 3 =   b) 96 : 4 =   c) 84 : 7 =   d) 78 : 6 =

3

a) 846 : 2 =   b) 7435 : 5 =   c) 8631 : 3 =

d) 645 : 5 =   e) 9448 : 4 =   f) 7863 : 3 =

g) 543 : 3 =   h) 9352 : 2 =   i) 7482 : 6 =

Schriftliches Dividieren

1 Vorsicht bei Nullen.

a) 960 : 8 =

b) 1680 : 7 =

Beispiel:

```
960 : 8 = 120
8
16          Probe:
16          120 · 8
 00           960
  0
  0
```

c) 1008 : 9 =

d) 5418 : 6 =

e) 4028 : 2 =

2

a) 1000 : 8 =

b) 1000 : 4 =

c) 100 : 4 =

d) 500 : 4 =

e) 3000 : 4 =

f) 6000 : 8 =

3 Bei diesen Aufgaben bleibt ein Rest.

a) 754 : 4 = R

b) 431 : 5 = R

Beispiel:

```
463 : 2 = 231 R 1
4
06
 6
 03         Probe:
  2         231 · 2
  1           462

              462
            +   1
              463
```

Schriftliches Dividieren mit und ohne Rest

1 Bei einigen Aufgaben bleibt ein Rest.

a) 1342 : 8 =

b) 3071 : 4 =

c) 5065 : 5 =

d) 2873 : 3 =

2 Was gehört zusammen? Färbe jeweils mit der gleichen Farbe.

Aufgabe	Überschlag	Überschlagsergebnis	genaues Ergebnis
915 : 3	500 : 5	400	203
798 : 2	3000 : 6	300	493
535 : 5	900 : 3	100	399
1421 : 7	800 : 2	200	305
2958 : 6	1400 : 7	500	107

3 Im Kopf oder schriftlich? Trage die Ergebnisse ein.

4200 : 6 = ______ 2187 : 9 = ______ 5216 : 4 = ______

395 : 5 = ______ 240 : 3 = ______ 3060 : 6 = ______

Sachaufgaben

1 Wie viele Kisten können insgesamt geladen werden?

Antwort: ______

2 Für einen gemeinsamen Urlaub mieten 6 Freunde eine Hütte.
Sie kostet für alle zusammen 312 €. Für Verpflegung zahlt jeder 35 €.
Welche Fragen kannst du beantworten?

a) Wie viel Euro zahlt jeder für die Hütte?

Antwort: ______

b) Wie viel zahlen alle zusammen für die Verpflegung?

Antwort: ______

c) Wie lange dauert der Urlaub?

Antwort: ______

d) Wie teuer ist der Urlaub für jeden der 6 Freunde?

Antwort: ______

3 Eine Schule richtet den PC-Raum neu ein. Es werden zwei Angebote eingeholt.

a) Welches Angebot ist günstiger?

b) Die Schule wählt das günstige Angebot. Wie viel Euro kosten 7 Computer-Arbeitsplätze?

Antwort: ______

Sachrechnen mit Geld

Ananas	Stück	1,99 €
Kokosnuss	Stück	90 Cent
Mango	Stück	1,50 €
Apfelsine	Stück	50 Cent

Heidelbeeren	Schale	1,70 €
Erdbeeren	Schale	1,50 €
Kiwi	Schale	1,40 €

Äpfel	1 kg	1,49 €
Birnen	1 kg	1,70 €
Bananen	1 kg	1,30 €
Kirschen	1 kg	3,29 €
Pfirsiche	1 kg	2,99 €
Weintrauben	1 kg	2,50 €

1 Vervollständige die Tabelle.

a) Ananas

Anzahl	Preis
1	
2	
3	
4	

b) Heidelbeeren

Schalen	Preis
1	
2	
3	
5	

c) Bananen

kg	Preis
1	
2	
4	
8	

d) Kirschen

kg	Preis
1	
2	
5	
10	

2 Wie viel Euro bezahlt der Kunde?

a)

b)

c)

3 Wie viel Euro bekommt der Kunde zurück?

a)

1 kg

b)

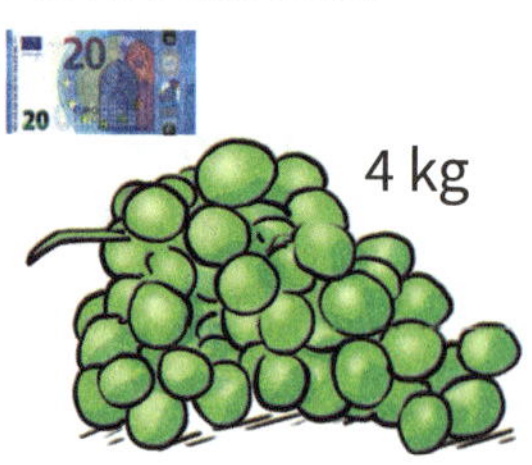

4 kg

c)

4 Stimmt die Aussage? Überschlage und kreuze an.

◯ 4 kg Äpfel kosten mehr als 9 €.

◯ Herr Müller bezahlt für 1 Schale Kiwis und 1 kg Bananen 2,70 €.

◯ 2 Apfelsinen kosten weniger als 1,80 €.

◯ Lea kauft 2 Mangos. Sie bezahlt 5 € und erhält 2,50 € zurück.

Preisvergleich

1 Berechne den Unterschied.

a) O-Saft

Spar Kauf		Realo-Markt	
Anzahl	Preis	Anzahl	Preis
3		2	
1		1	

Unterschied: ____________

b) Joghurt

Spar Kauf		Realo-Markt	
Anzahl	Preis	Anzahl	Preis
4		6	
1		1	

Unterschied: ____________

c) Butter

Spar Kauf		Realo-Markt	
Anzahl	Preis	Anzahl	Preis
4		4	
1		1	

Unterschied: ____________

d) Pizza

Spar Kauf		Realo-Markt	
Anzahl	Preis	Anzahl	Preis
2		3	
1		1	

Unterschied: ____________

2 Marco kauft im Realo-Markt ein:

6 Becher Joghurt
3 Pizza
2 Flaschen O-Saft

Reichen 10 € aus? Überschlage, dann berechne den genauen Preis.

Überschlag: 2 € + ____________

Wie viel Euro muss Marco bezahlen?

A: ____________

3 Vergleiche die Preise und kreuze das günstigere Angebot an.

Paprika	Spargel	Zwiebeln	Tomaten
◯ 1 kg 3,99 €	◯ 1 kg 5,00 €	◯ 1 kg 0,55 €	◯ 0,5 kg 1,98 €
◯ 2 kg 6,90 €	◯ 5 kg 25,95 €	◯ 10 kg 4,25 €	◯ 2 kg 6,66 €

Vermischte Übungen

1 Hat Dominik alle Aufgaben richtig gerechnet? Berichtige die falschen Ergebnisse.

a) 20 · 50 = 1 000 ______

30 · 60 = 180 f, 1 800

40 · 70 = 2 800 ______

b) 4 200 : 70 = 600 ______

1 800 : 60 = 300 ______

2 800 : 7 = 40 ______

2 a) 4 · 800 = ______

5 · 600 = ______

b) 30 · 70 = ______

60 · 40 = ______

c) 150 : 50 = ______

4 500 : 9 = ______

3 Wie viel Kilometer fährt jeder LKW an einem Tag?

a) 

b) 

c) 

d) 

an einem Tag: ______ an einem Tag: ______ an einem Tag: ______ an einem Tag: ______

4 Rechne schriftlich.

a) 3 6 7 · 3

b) 5 0 8 · 7

c) 7 3 1 · 5

d) 4 2 9 · 6

e) 5 4 2 · 3 0

f) 6 8 4 · 2 0

g) 3 0 4 · 7 0

h) 4 5 3 · 5 0

5 Die Klasse 5a macht mit 20 Schülern eine Klassenfahrt.
Wie viel Euro kostet der Ausflug insgesamt für alle Schüler?

Pro Person:
Fahrt, Unterkunft,
Verpflegung
158 €

A: ______

6 Manchmal bleibt ein Rest.

a) 2 641 : 5 = ______

b) 6 410 : 5 = ______

c) 3 550 : 8 = ______

1 Pyramide, Quader, Prisma, Kegel, Würfel, Zylinder oder Kugel?
Schreibe unter jeden Körper den richtigen Namen.

2 Färbe die Zylinder gelb und die Pyramiden blau.

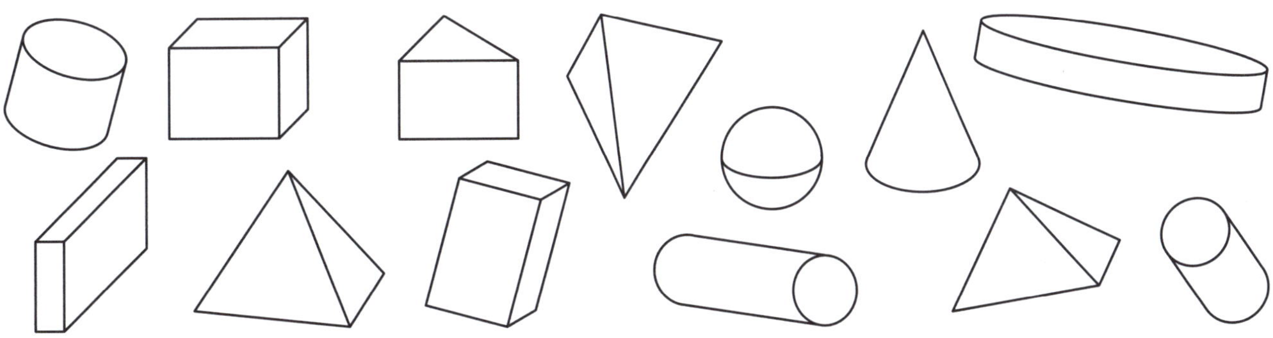

3 Ergänze die fehlenden Angaben.

a) Quader
Ecken: ____
Kanten: ____
Flächen: ____

b) Zylinder
Ecken: ____
Kanten: ____
Flächen: ____

c) Pyramide
Ecken: ____
Kanten: ____
Flächen: ____

d) Kugel
Ecken: ____
Kanten: ____
Flächen: ____

4 Ist die Aussage wahr oder falsch? Kreuze an.

	wahr	falsch
Jeder Zylinder hat 3 Kanten.		
Jedes Prisma hat 5 Flächen.		
Bei jedem Prisma sind die Grundfläche und die Deckfläche gleich groß.		

Flächen, Kanten und Ecken – Körper erkennen

1 Würfel, Quader, Zylinder, Prisma, Kegel, Pyramide oder Kugel?
Schreibe unter jeden Körper den Namen.

a) 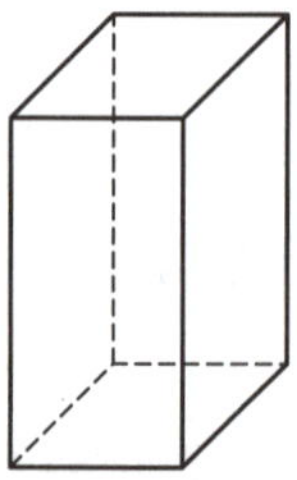
b) 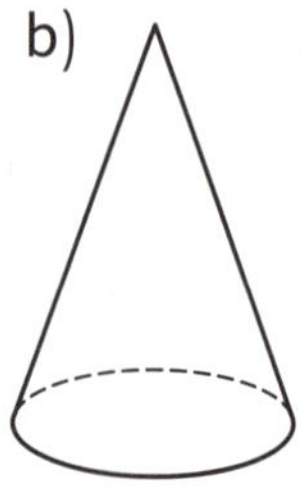
c) 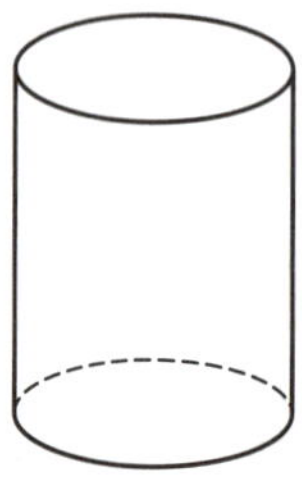
d) 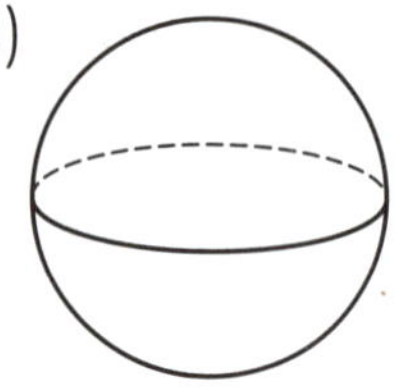
e) 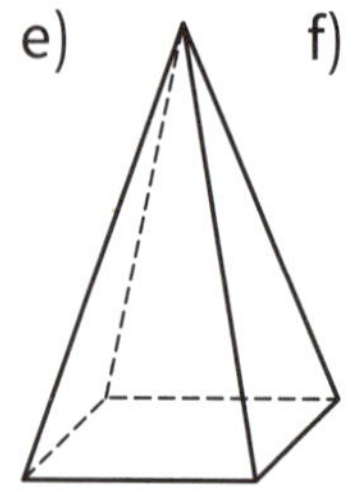
f) 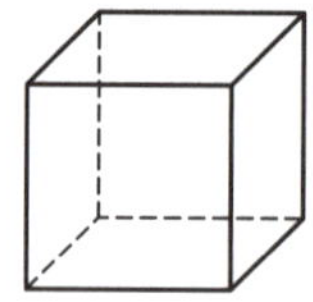
g) 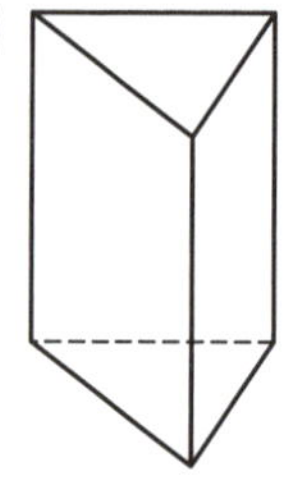

2 Welcher Körper ist es?

Mein Körper ist spitz und hat zwei Flächen.

Mein Körper hat 6 quadratische Flächen.

Mein Körper hat 5 Flächen, vier davon sind dreieckig.

3 Zu welchem Körper passt die Aussage?

a) Er hat keine Ecken und keine Kanten.

b) Er hat sechs Flächen. Die gegenüberliegenden Flächen sind gleich groß.

c) Eine Fläche ist ein Quadrat. Die anderen 4 Flächen sind dreieckig.

d) Er hat keine Ecken, aber zwei Kanten.

4 Bis auf eine Ausnahme gehören alle Flächen zu einem Körper.
Welcher Körper ist es? Färbe die zu diesem Körper gehörenden Flächen.

a) 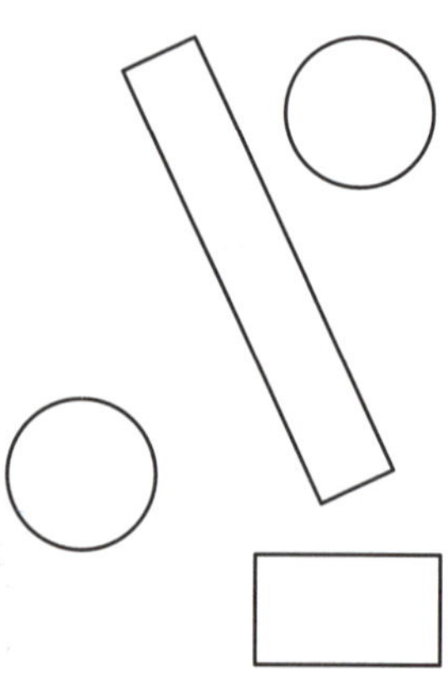

b) 

c) 

Schrägbilder

1 Ergänze die fehlenden Kanten im Schrägbild des Quaders.

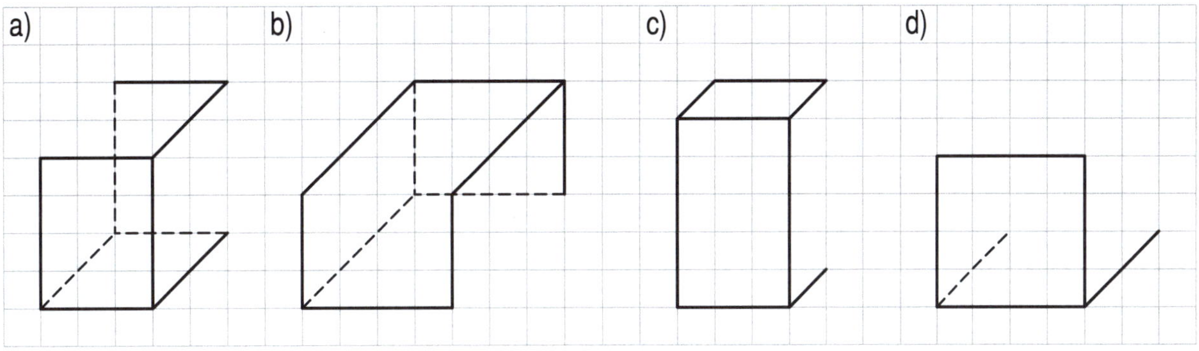

2 Übertrage das Schrägbild in das Karoraster.

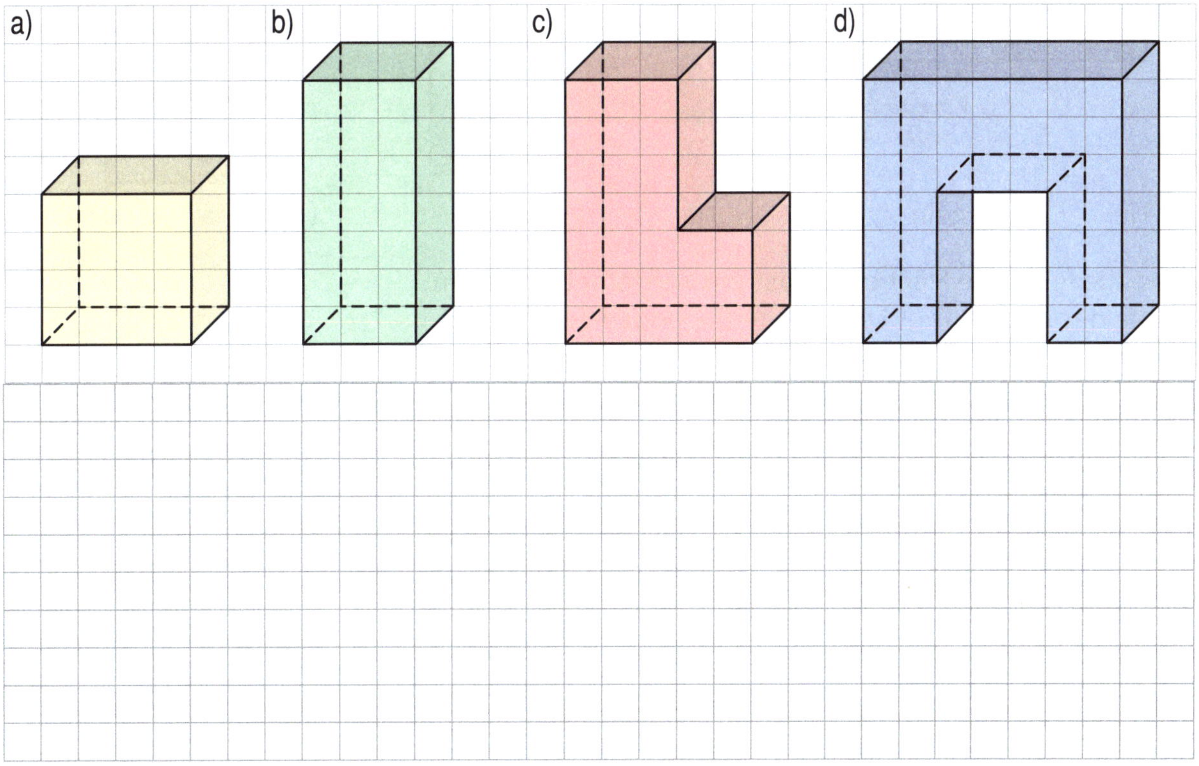

3 Zeichne das Schrägbild des Quaders in doppelter Größe.

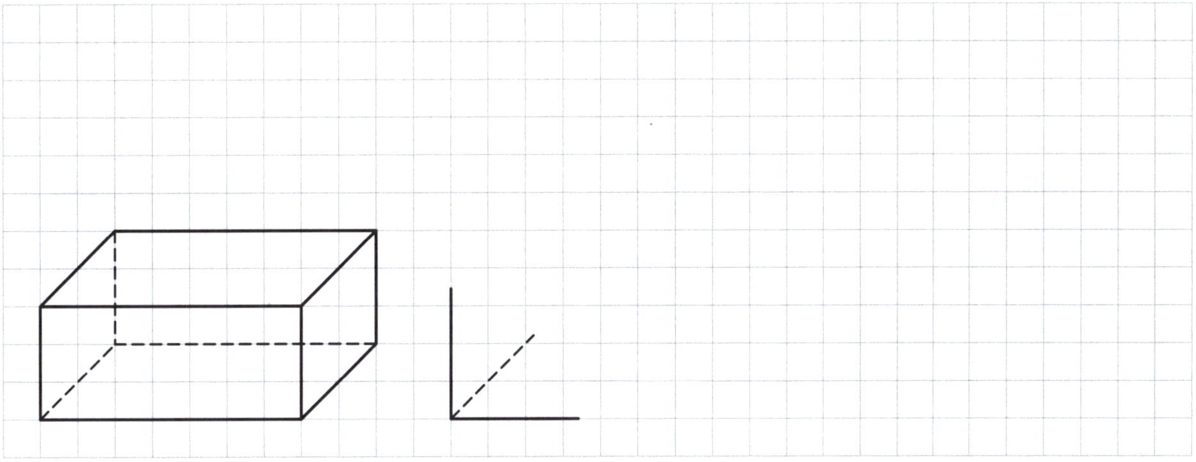

Netze von Würfel und Quader

1 Lässt sich das Netz zu einem Würfel falten? Kreuze an.

a)

◯ ja ◯ nein

b)
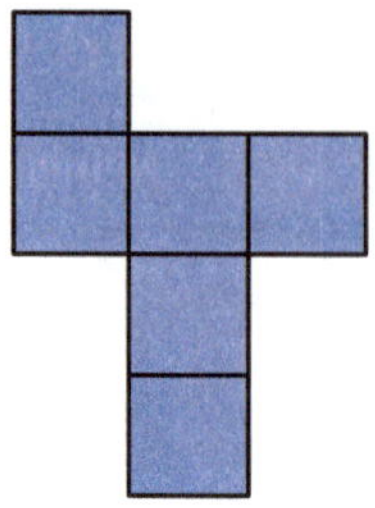
◯ ja ◯ nein

c)
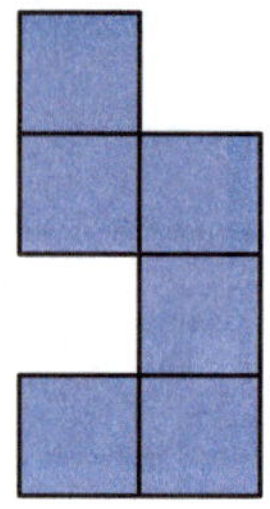
◯ ja ◯ nein

d)

◯ ja ◯ nein

2 Lässt sich das Netz zu einem Quader falten? Kreuze an.

a)
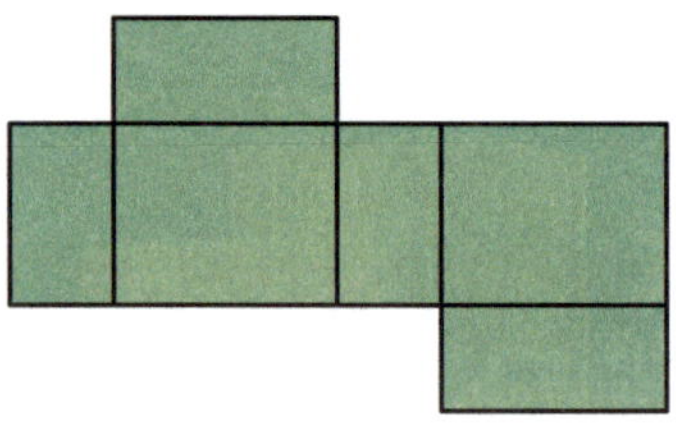
◯ ja ◯ nein

b)
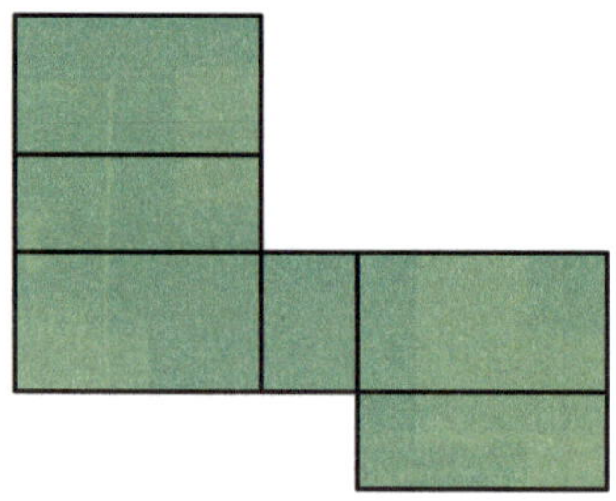
◯ ja ◯ nein

c)

◯ ja ◯ nein

3 Ergänze die fehlende Fläche so, dass ein Würfelnetz entsteht.
Färbe die dem grünen Feld gegenüberliegende Fläche.

a) b) c)
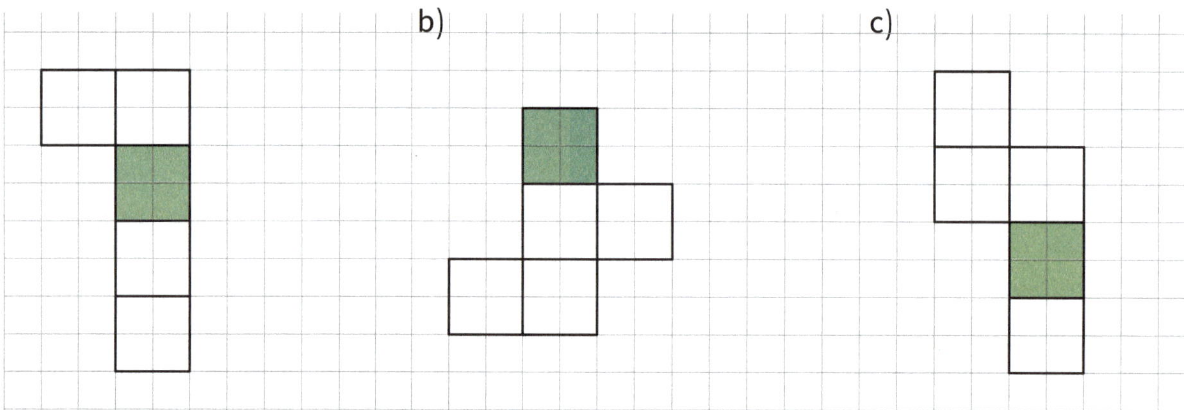

4 Ergänze die fehlende Fläche so, dass ein Quadernetz entsteht.
Färbe die dem blauen Feld gegenüberliegende Fläche.

a) b)
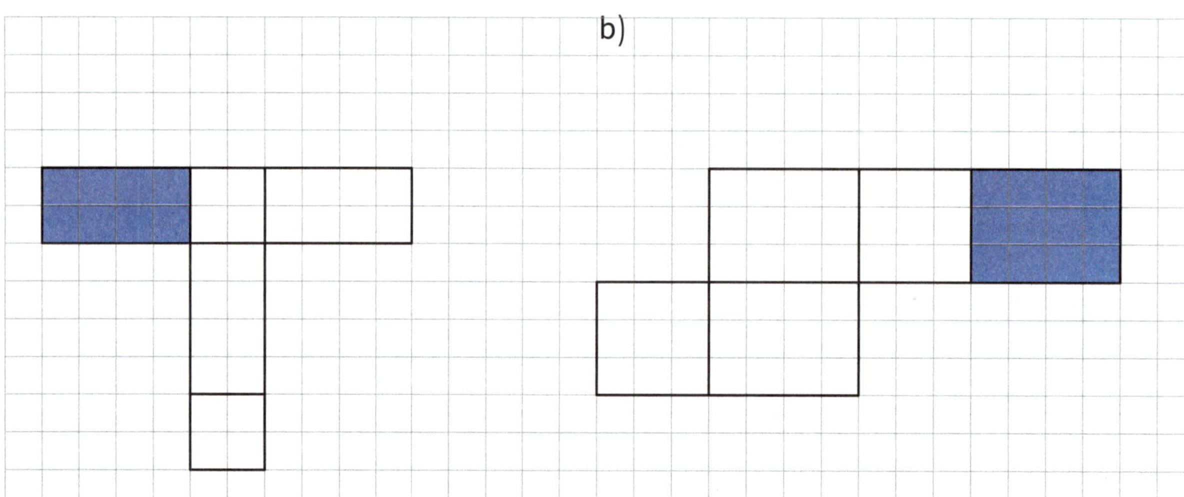

Rechteck und Quadrat

1 Ist die Aussage wahr oder falsch? Kreuze an.

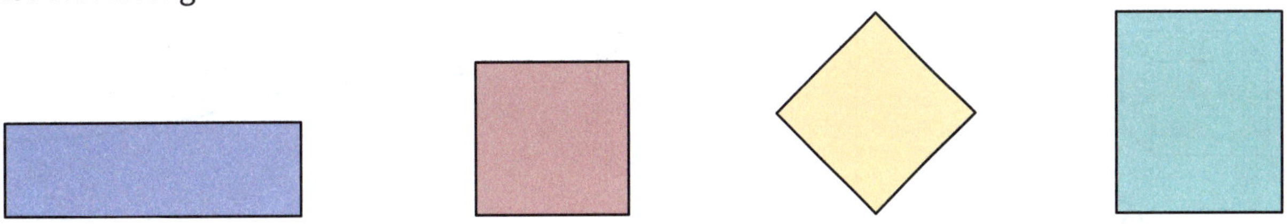

	wahr	falsch
Jedes Rechteck hat vier gleich lange Seiten.		
In jedem Rechteck sind die gegenüberliegenden Seiten parallel.		
Jedes Quadrat hat vier Ecken.		
Jedes Quadrat hat vier gleich lange Seiten.		
In jeder Ecke eines Quadrats sind die Seiten parallel zueinander.		
In jeder Ecke eines Rechtecks stehen die Seiten senkrecht zueinander.		
Jedes Rechteck ist auch ein Quadrat.		

2 Miss die Seitenlängen und ergänze mit dem Geodreieck zu einem Rechteck.

a)

b)

c)

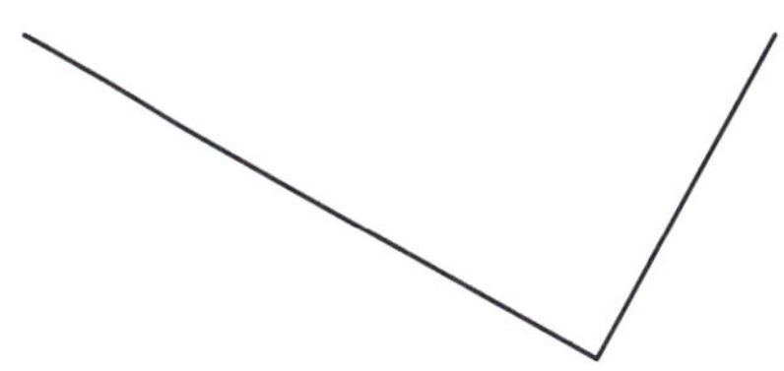

3 Zeichne die Punkte A, B und C in das Koordinatensystem ein. Ergänze zu einem Rechteck. Notiere die Koordinaten von Punkt D.

a) A (2|3), B (8|2), C (9|8), D (____ | ____)

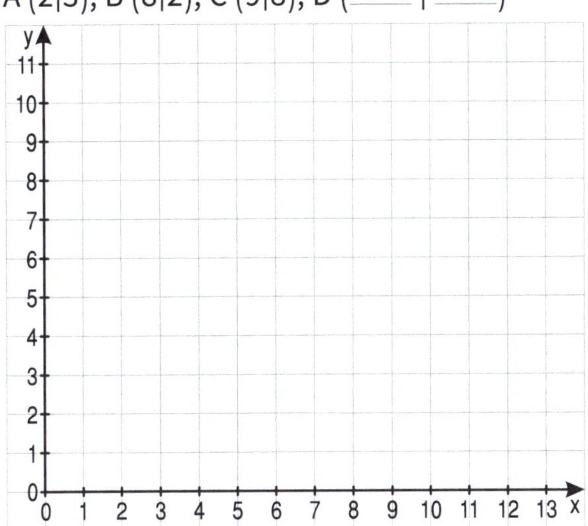

b) A (4|10), B (1|6), C (9|0), D (____ | ____)

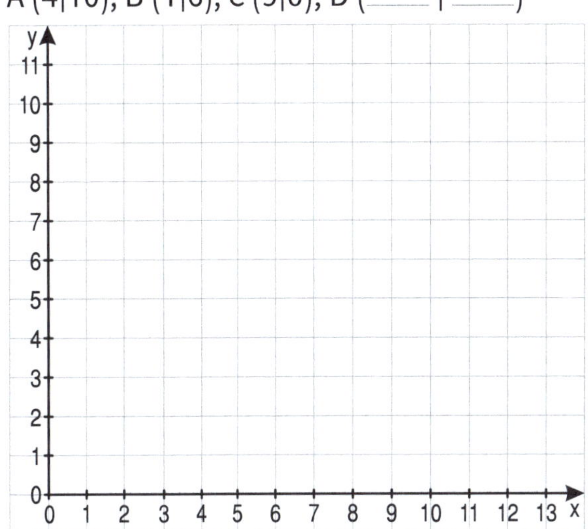

Vermischte Übungen

1 a) Färbe alle Quader gelb.

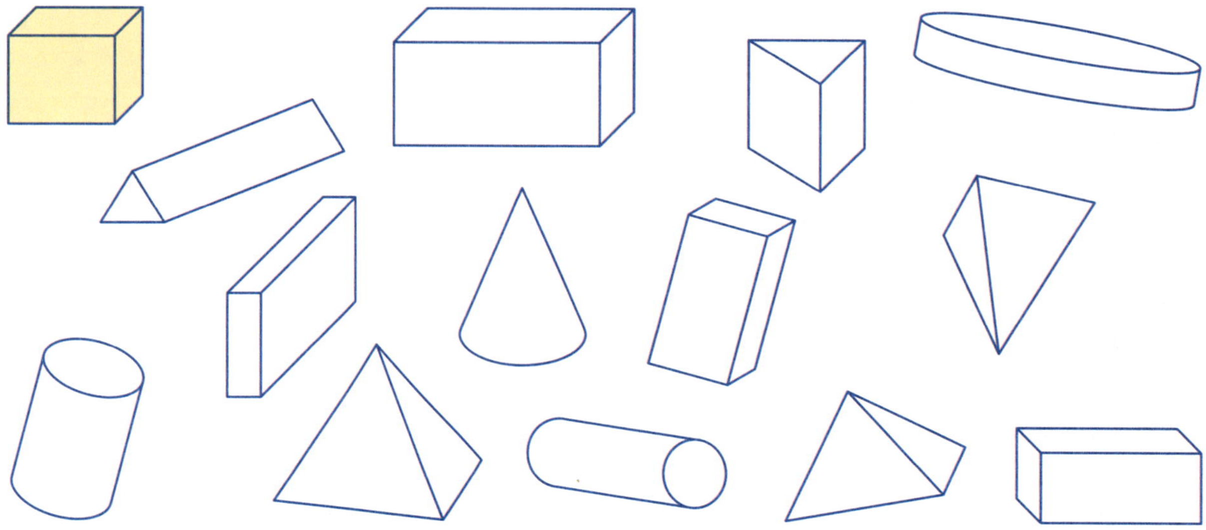

b) Notiere die Anzahl der Körper.

Prisma ______ Zylinder ______ Pyramide ______ Kegel ______

2 Färbe die Eigenschaften der Körper in den angegeben Farben.

Pyramide	6 Flächen	5 Ecken	2 Kanten
Quader	5 Flächen	8 Ecken	1 Kante
Zylinder	2 Flächen	0 Ecken	12 Kanten
Kegel	3 Flächen	1 Ecke	8 Kanten

3 Wie viele Kanten fehlen, um das Modell eines Würfels oder eines Quaders zu bauen?

a)

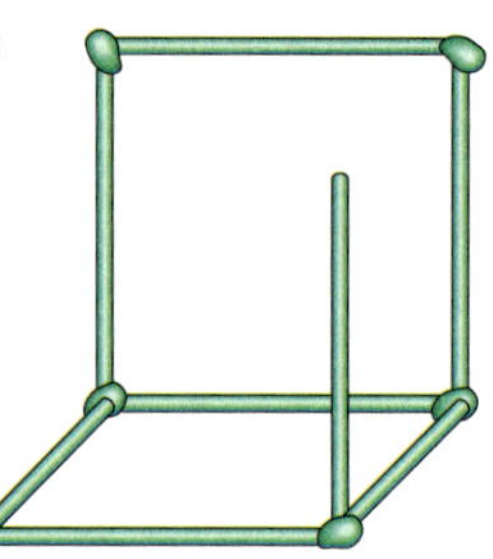

____ Kanten

b)

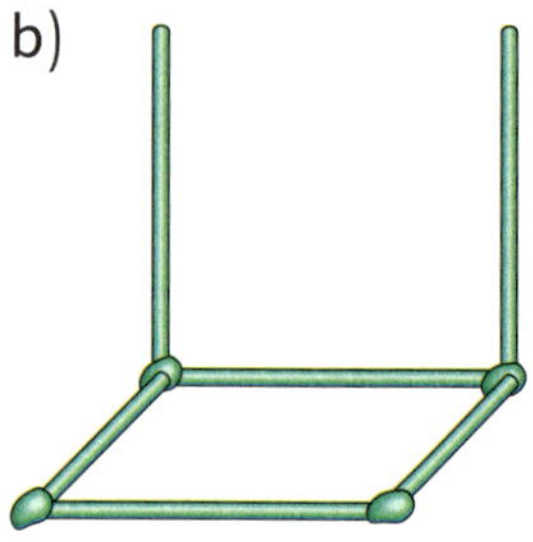

____ Kanten

c)

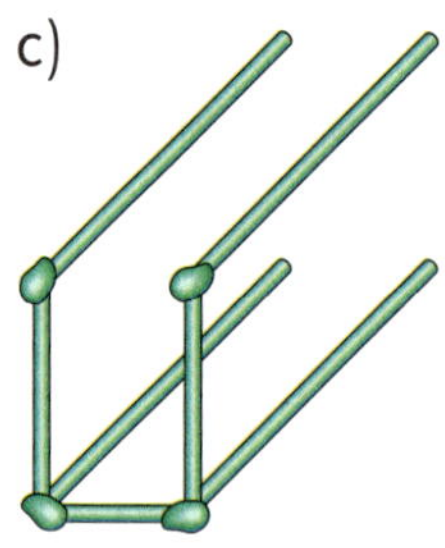

____ Kanten

d)

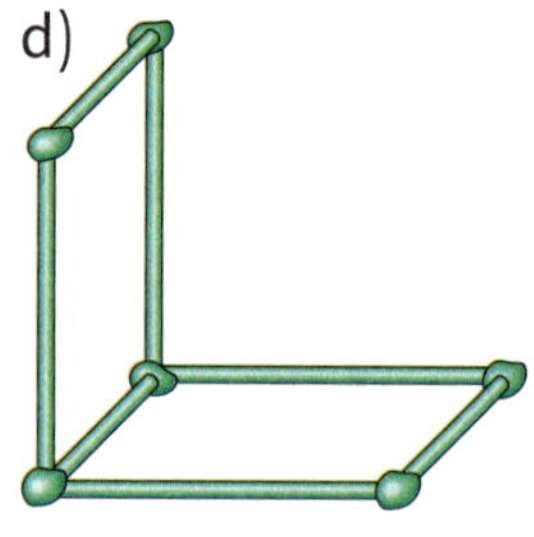

____ Kanten

4 Färbe gegenüberliegende Flächen im Würfel oder Quader in der gleichen Farbe.

a)

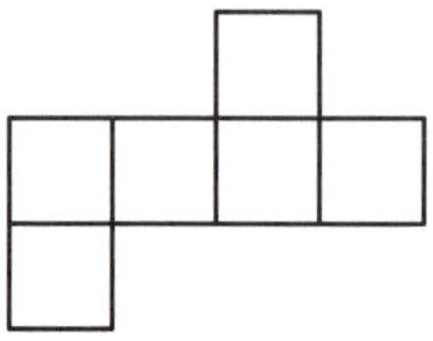

b)

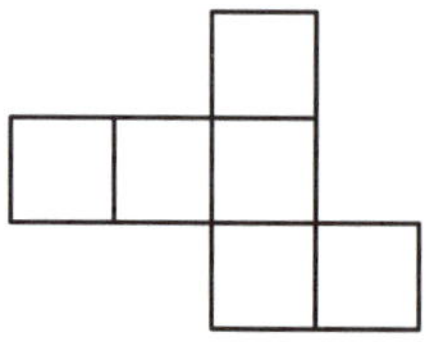

c)

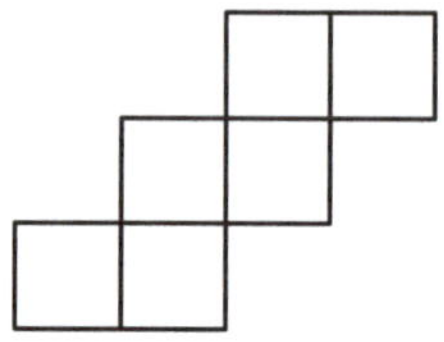

d)

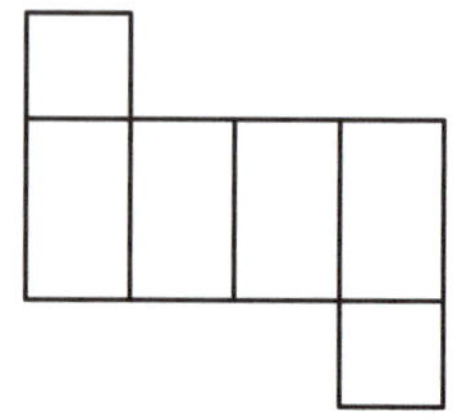

7 Länge und Flächeninhalt

Längeneinheiten

1 Ordne die Abkürzungen zu.

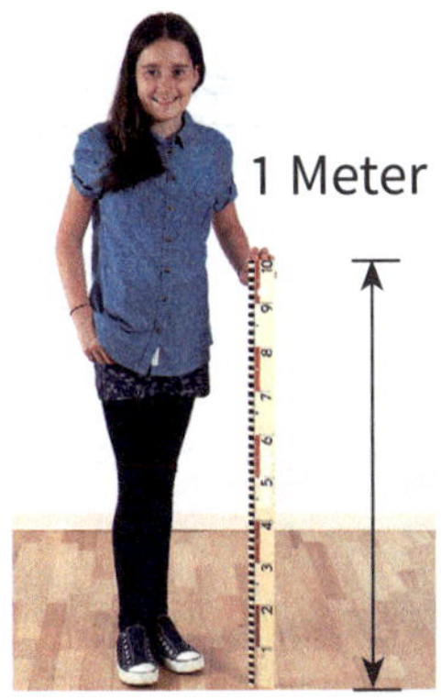

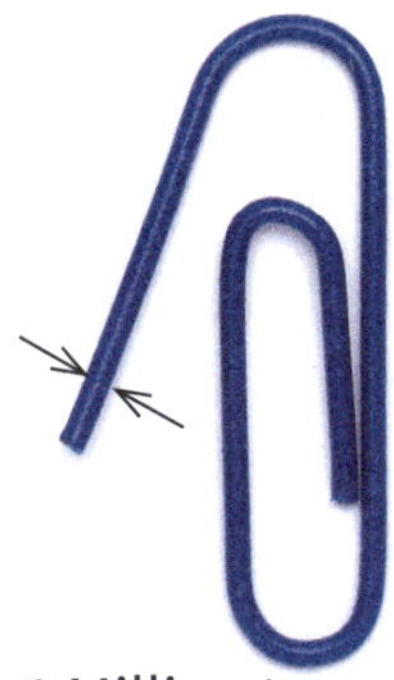

1 Millimeter

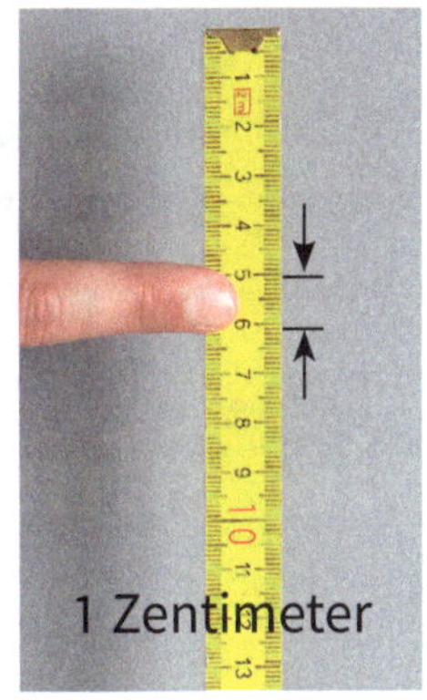

1 m

1 cm

1 mm

1 km

______ ______ ______ ______

2 Setze ein: m, cm oder mm.

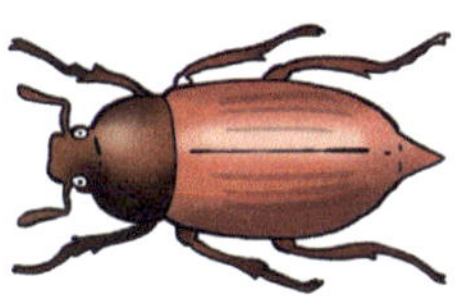

15 ______ 25 ______ 150 ______ 2 ______ 700 ______

3 Ordne die passende Länge zu.

Höhe eines Wohnhauses ______

Länge eines Lineals ______

Entfernung Potsdam – Berlin ______

Dicke eines Schulheftes ______

Breite einer Zimmertür ______

Größe einer Schülerin ______

8 m

150 cm

4 mm

1 m

30 cm

29 500 m

4 Zeichne die Strecken.

a) 9 cm

b) 70 mm

c) 15 mm

Längen schätzen, messen und umwandeln

1 Schätze die Höhen.

Der Baum ist ungefähr ______ m hoch.

Das Haus ist ungefähr ______ m hoch.

Der Tisch ist ungefähr ______ cm hoch.

Der Koffer ist ungefähr ______ cm hoch.

2 Wie lang ist die Strecke?

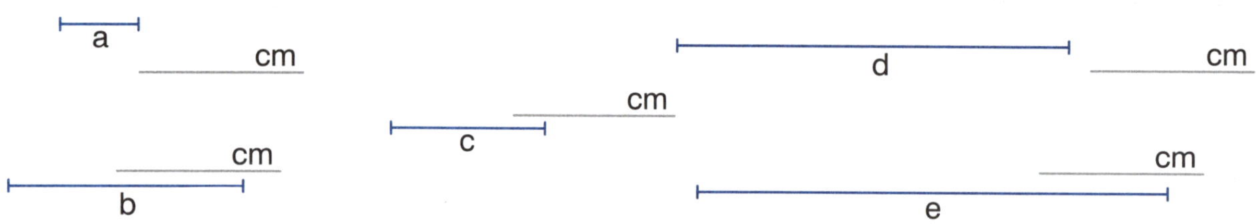

3 Wandle um. Beachte: 1 km = 1 000 m 1 m = 100 cm 1 cm = 10 mm

a)	4 km = ______ m	9 km = ______ m	8 000 m = ______ km	10 000 m = ______ km
b)	2 m = ______ cm	6 m = ______ cm	400 cm = ______ m	1 000 cm = ______ m
c)	5 cm = ______ mm	12 cm = ______ mm	30 mm = ______ cm	100 mm = ______ cm
d)	10 mm = ______ cm	12 m = ______ cm	2 000 m = ______ km	600 cm = ______ m

4 Wie viel Zentimeter und Millimeter sind es? Schreibe so: 12 mm = 1 cm 2 mm.

15 mm = ______ 56 mm = ______ 43 mm = ______ 105 mm = ______

5 Wie viel Meter und Zentimeter sind es? Schreibe so: 120 cm = 1 m 20 cm.

250 cm = ______ 317 cm = ______ 860 cm = ______ 701 cm = ______

6 Wie viel Kilometer und Meter sind es? Schreibe so: 1 200 m = 1 km 200 m.

5 900 m = ______ 1 010 m = ______ 3 865 m = ______ 2 004 m = ______

7 Kleiner, größer oder gleich? Setze ein: <, > oder =.

a)	350 cm ☐ 3 m	97 cm ☐ 1 m	500 cm ☐ 5 m	800 cm ☐ 80 m
b)	70 mm ☐ 7 cm	100 mm ☐ 1 cm	39 mm ☐ 4 cm	300 mm ☐ 30 cm
c)	700 m ☐ 1 km	1 000 m ☐ 2 km	5 500 m ☐ 5 km	9 000 m ☐ 9 km

Kommaschreibweise bei Längen

1

Fülle die Tabelle aus.

2 m 30 cm		2 m 15 cm		
2,30 m	3,57 m		1,05 m	
230 cm				210 cm

2 Immer drei Längenangaben sind gleich. Kennzeichne sie mit der gleichen Farbe.

250 cm	1 m 91 cm	0 m 91 cm	2,5 m	2 m 5 cm	205 cm
91 cm	2 m 50 cm	1,91 m	2,05 m	191 cm	0,91 m

3

Fülle die Tabelle aus.

4 cm 8 mm	3 cm 5 mm			4 cm 2 mm
4,8 cm		2,1 cm		
48 mm			39 mm	

4

Fülle die Tabelle aus.

1 km 500 m			2 km 450 m	
1,500 km		3,750 km		
1 500 m	2 345 m			3 011 m

5 Ordne nach der Größe. Beginne mit der größten Länge.

a) 23 mm 3,5 cm 4 cm 9 mm

_____ > _____ > _____ > _____

b) 234 m 6,5 km 9,99 m 1 km

_____ > _____ > _____ > _____

c) 2,5 m 30 cm 400 cm 0,85 m

_____ > _____ > _____ > _____

d) 0,7 cm 1,01 m 0,11 m 18,5 cm

_____ > _____ > _____ > _____

6 Immer drei Längenangaben sind gleich. Kennzeichne sie mit der gleichen Farbe.

2,075 km	1 cm 1 mm	2 km 75 m	2,75 m	1 m 1 cm	275 cm
11 mm	2 m 75 cm	1,01 m	2 075 m	101 cm	1,1 cm

Rechnen mit Längen

1 Berechne.

a) 3,50 m + 4,30 m = ______ m
1,90 m + 2,20 m = ______ m
4,15 m + 4,35 m = ______ m
6,20 m + 0,75 m = ______ m
2,10 m + 9 m = ______ m

b) 5,80 m – 2,70 m = ______ m
3,70 m – 1,20 m = ______ m
6,30 m – 0,40 m = ______ m
2,50 m – 1,50 m = ______ m
5,40 m – 3 m = ______ m

2 Wandle um in die kleinere Einheit und rechne aus.

a) 3,15 m + 40 cm = 315 cm + 40 cm = ______ cm = ______ m
b) 4,60 m + 90 cm = ______ + ______ = ______ = ______
c) 2,20 m – 70 cm = ______ – ______ = ______ = ______
d) 5,30 m – 35 cm = ______ – ______ = ______ = ______
e) 79 cm + 2,30 m = ______ + ______ = ______ = ______

3 Immer zwei Längenangaben ergeben zusammen 1 m. Kennzeichne sie mit der gleichen Farbe.

98 cm	80 cm	65 cm	0,55 m	0,75 m	0,91 m
9 cm	45 cm	25 cm	0,2 m	0,02 m	0,35 m

4 Immer drei Längenangaben ergeben zusammen 1 m. Kennzeichne sie mit der gleichen Farbe.

5 cm	0,77 m	8 cm	13 cm	90 cm
0,45 m	10 cm	2 cm	50 cm	

5 Ergänze.

a) 3 mm + ____ mm = 1 cm
8 mm + ____ mm = 1 cm
0,4 cm + ____ mm = 1 cm
0,9 cm + ____ mm = 1 cm

b) 75 cm + ____ cm = 1 m
9 cm + ____ cm = 1 m
0,98 m + ____ cm = 1 m
0,05 m + ____ cm = 1 m

c) 200 m + ____ m = 1 km
550 m + ____ m = 1 km
0,895 km + ____ m = 1 km
0,6 km + ____ m = 1 km

Umfang von Rechteck und Quadrat

1 Welche Schnecke hat den längsten Weg einmal um das Rechteck herum?

Eulalie

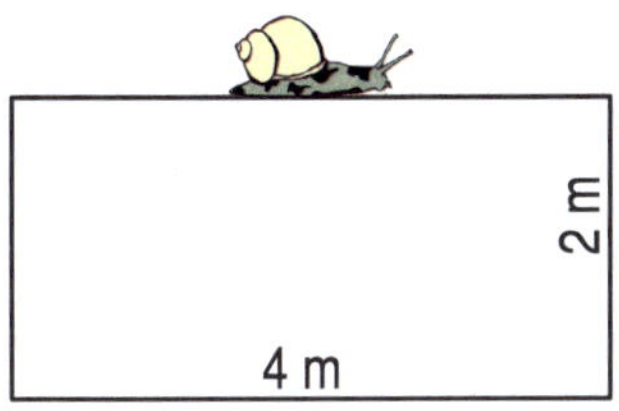

Isidor

Reudelbert

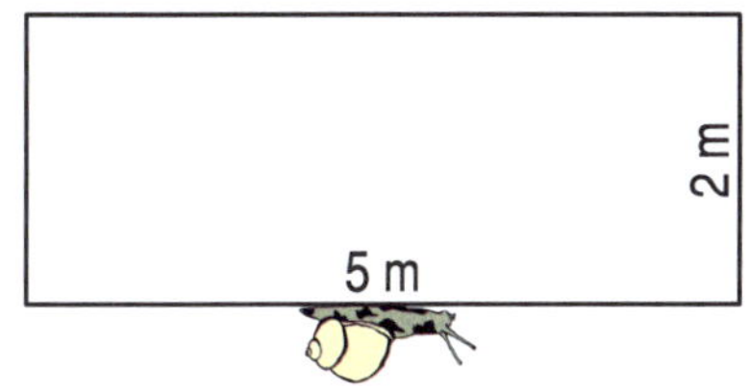

Weglänge: ______________ Weglänge: ______________ Weglänge: ______________

Den längsten Weg hat ______________________________.

2 Jan und Eva berechnen den Umfang eines Rechtecks auf verschiedene Art.
Erhalten beide das gleiche Ergebnis?

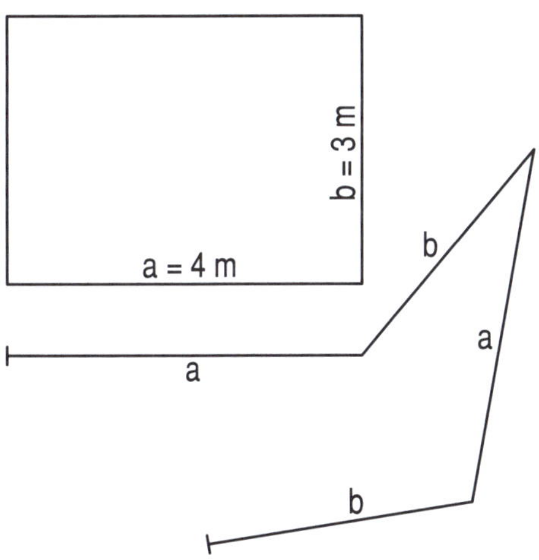

u = a + b + a + b

u = ______ m + ______ m + ______ m + ______ m

u = ______ m

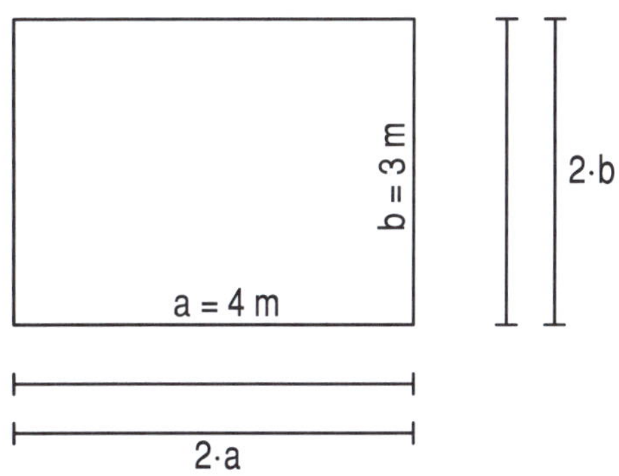

u = 2 · a + 2 · b

u = 2 · ______ m + 2 · ______ m

u = ______ m

3 Miss die Seitenlängen. Berechne den Umfang.

a)

______ cm

______ cm

u = ______________

u = ______________ cm

b)

______ cm

______ cm

u = ______________

u = ______________ cm

Umfang von Rechteck und Quadrat

1 Miss die Seitenlängen. Ergänze zum Rechteck. Berechne den Umfang.

a)

____ cm

____ cm

u = ____________________

u = ________ cm

b)

____ cm

____ cm

u = ____________________

u = ________ cm

c)

____ cm

____ cm

u = ____________________

u = ________ cm

d)

____ cm

____ cm

u = ____________________

u = ________ cm

2 Zeichne die Rechtecke zu Ende. Der Umfang soll immer 16 cm sein.

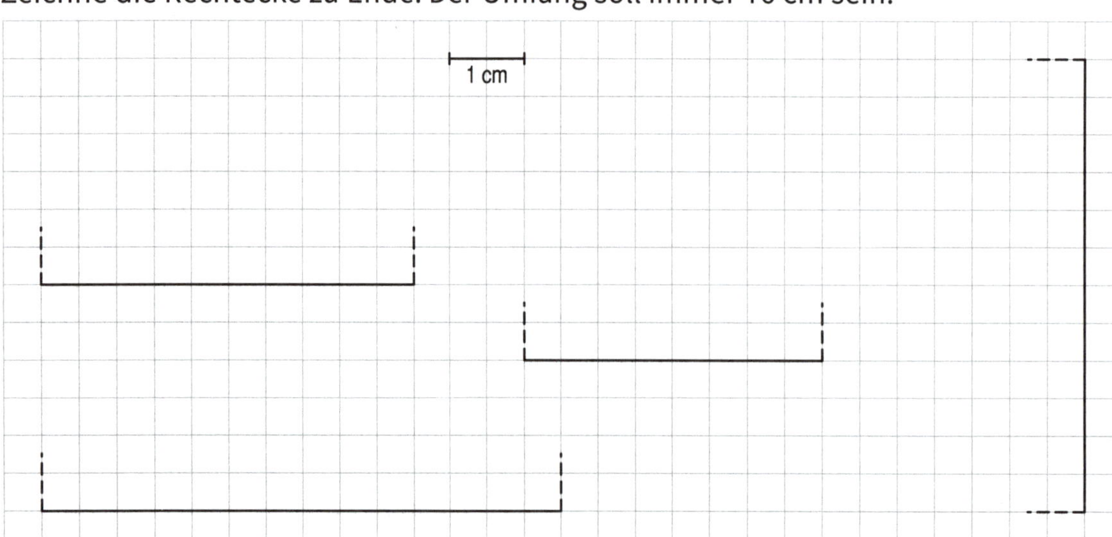

3 Berechne den fehlenden Wert für das Rechteck.

	a)	b)	c)	d)	e)	f)
Länge	4 cm	3 cm	7 cm	12 cm	4 cm	
Breite	5 cm	3 cm	8 cm	2 cm		6 cm
Umfang					20 cm	24 cm

Flächeninhalte vergleichen

1

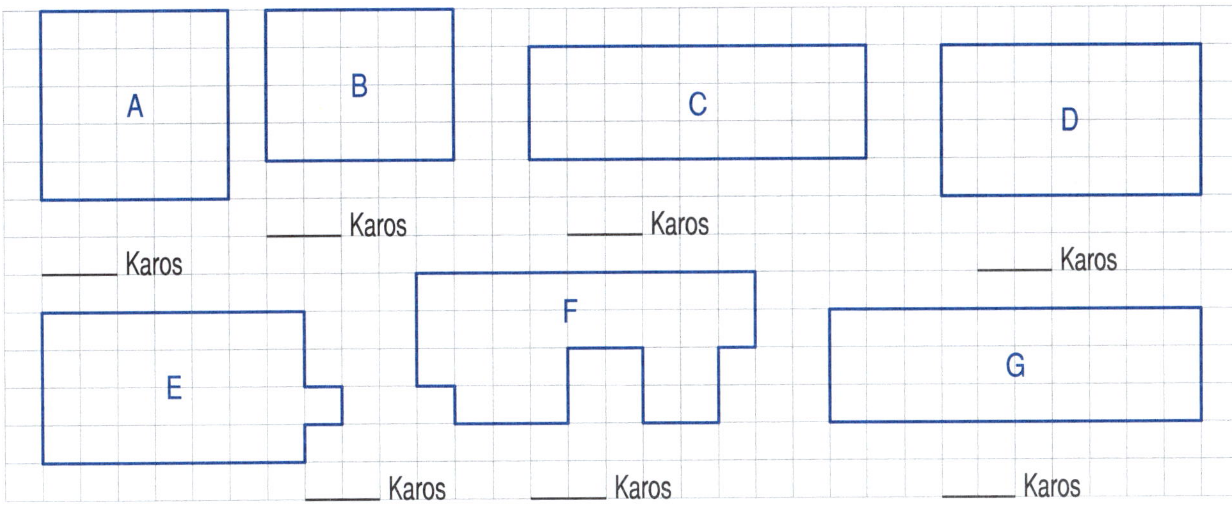

Welche Figur ist am größten? Figur ______ ist am größten.

2 Ein Teil des Rechtecks ist verdeckt. Wie viele Karos hat das vollständige Rechteck?

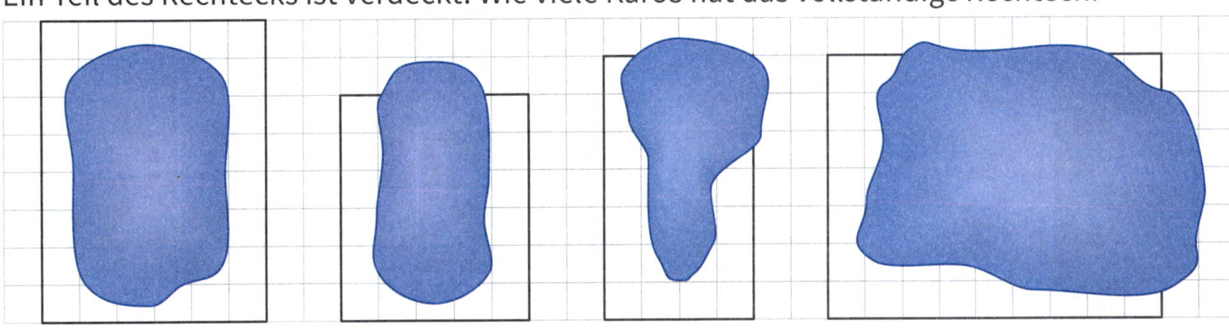

______ Karos ______ Karos ______ Karos ______ Karos

3 Wie viele Quadratzentimeter passen in die Figur?

a)

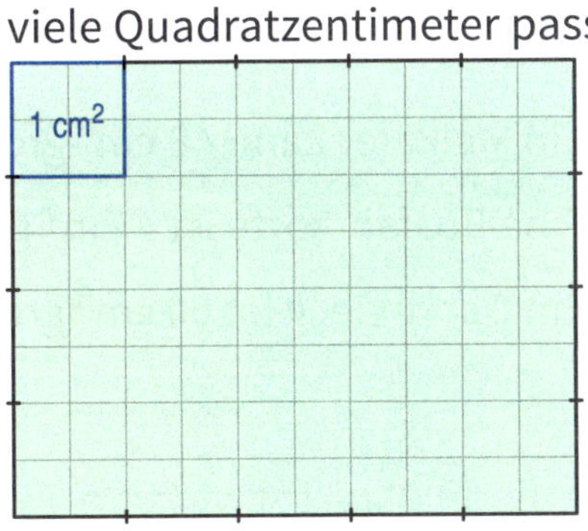

b)

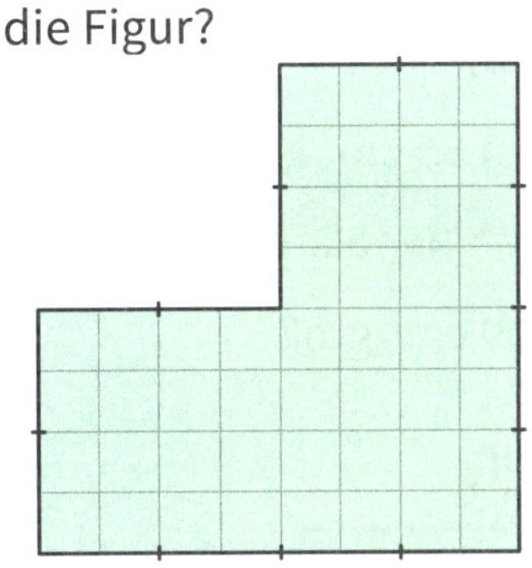

c)

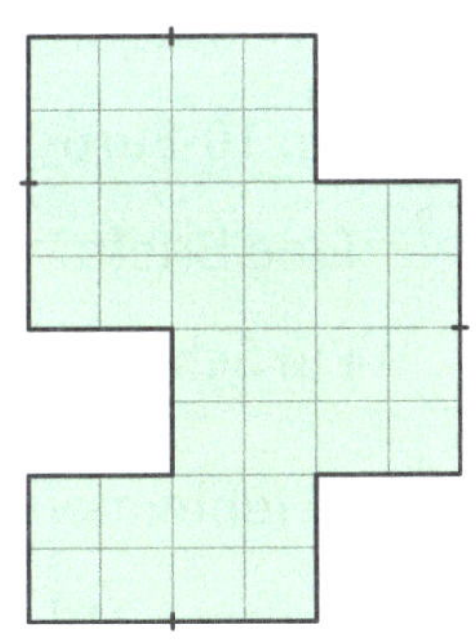

___ Quadratzentimeter ___ Quadratzentimeter ___ Quadratzentimeter

4 a)

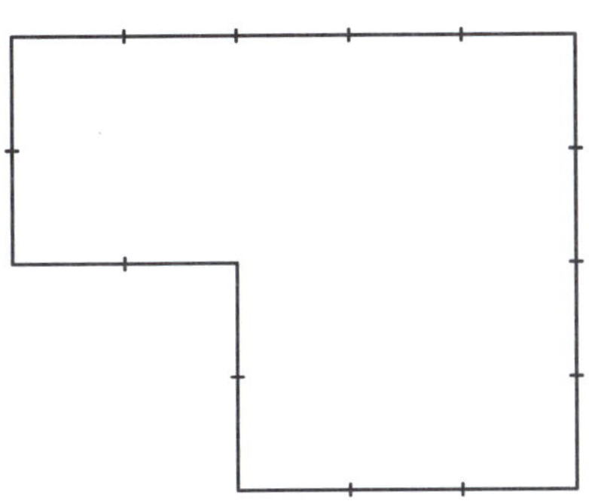

b)

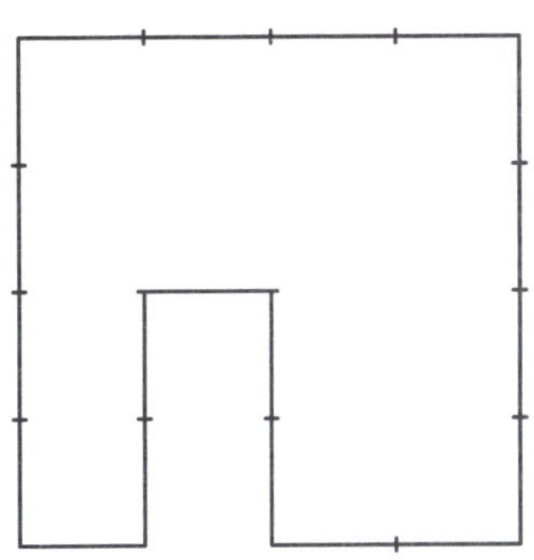

c)

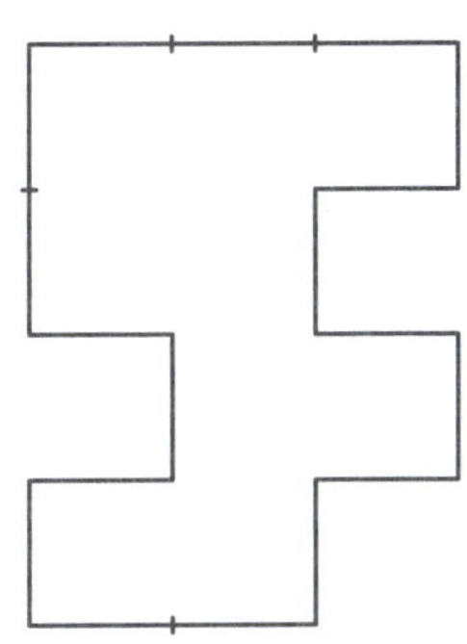

___ Quadratzentimeter ___ Quadratzentimeter ___ Quadratzentimeter

Flächeneinheiten

1 Mit welcher Einheit würdest du diese Flächen messen? Trage ein: mm^2, cm^2 oder m^2.

 ______
 ______
 ______
 ______
 ______
 ______

2 Setze die passende Einheit ein: mm^2, cm^2 oder m^2.

a) Taste auf dem Handy 16 ______
Schultafel 4 ______
Tischplatte 6 000 ______
CD-Hülle 170 ______

b) Computer-Monitor 1 200 ______
Tischtennisplatte 4 ______
Postkarte 150 ______
Streichholzkopf 15 ______

3 Ordne den Flächen den passenden Flächeninhalt zu.

12 cm^2 | 500 cm^2 | 600 cm^2 | 50 mm^2 | 6 cm^2

4 Stimmt die Aussage? Kreuze an.

a)
- ◯ Ein 10-Euro-Schein ist 85 cm^2 groß.
- ◯ Eine Briefmarke ist kleiner als 10 mm^2.
- ◯ Ein Schulheft ist 1 500 cm^2 groß.

b)
- ◯ Ein Maikäfer kann 40 cm^2 groß sein.
- ◯ Eine Busfahrkarte ist 4 cm^2 groß.
- ◯ Ein Geodreieck ist 60 cm^2 groß.

5 Ergänze die fehlenden Angaben.

a) 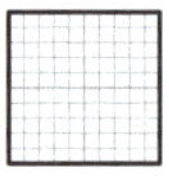
1 cm^2 = 100 mm^2

b) 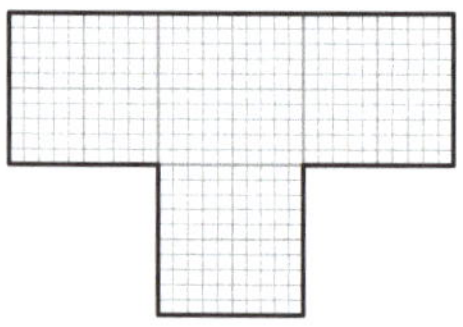
____ cm^2 = ____ mm^2

c) 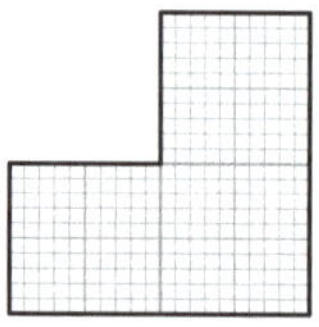
____ cm^2 = ____ mm^2

d) 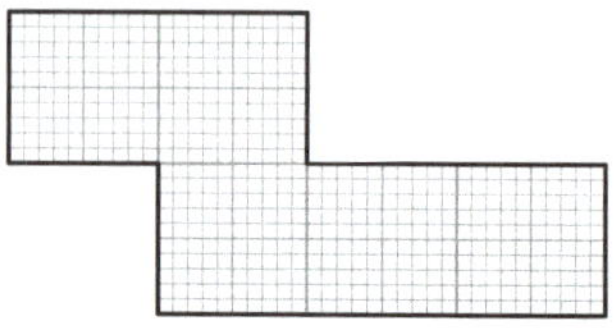
____ cm^2 = ____ mm^2

6
a) 7 cm^2 = ______ mm^2
12 cm^2 = ______ mm^2

b) 2 cm^2 = ______ mm^2
30 cm^2 = ______ mm^2

c) 8 cm^2 = ______ mm^2
10 cm^2 = ______ mm^2

7
a) 600 mm^2 = ______ cm^2
400 mm^2 = ______ cm^2

b) 1 500 mm^2 = ______ cm^2
2 000 mm^2 = ______ cm^2

c) 500 mm^2 = ______ cm^2
1 500 mm^2 = ______ cm^2

Flächeninhalt von Rechteck und Quadrat

1 Teile die Streifen in Quadratzentimeter ein. Bestimme den Flächeninhalt des Rechtecks.

a)

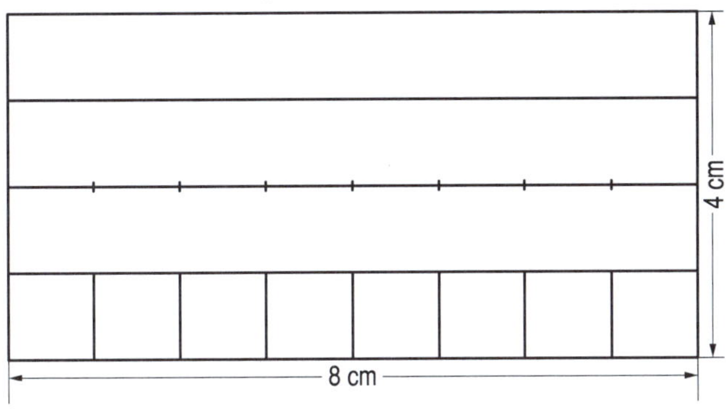

____ cm^2 in jedem Streifen

____ Streifen

Das Rechteck ist ____ cm^2 groß.

b)

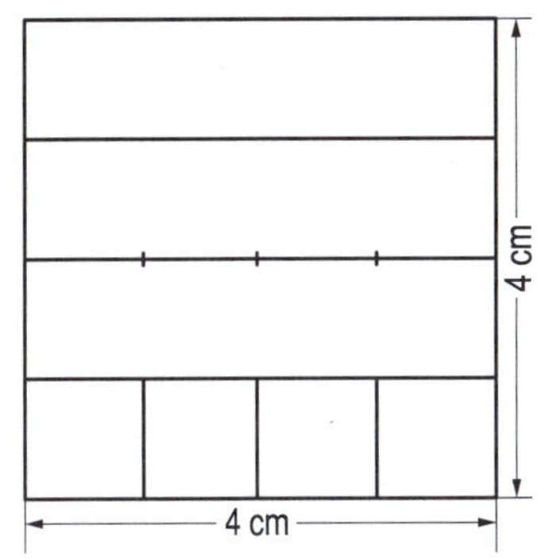

____ cm^2 in jedem Streifen

____ Streifen

Das Quadrat ist ____ cm^2 groß.

2 Zeichne Streifen ein. Bestimme den Flächeninhalt des Rechtecks.

a)

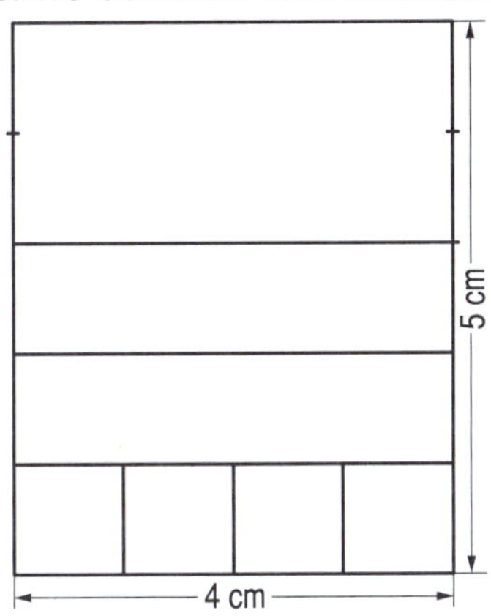

____ cm^2 in jedem Streifen

____ Streifen

A = ____ cm^2

b)

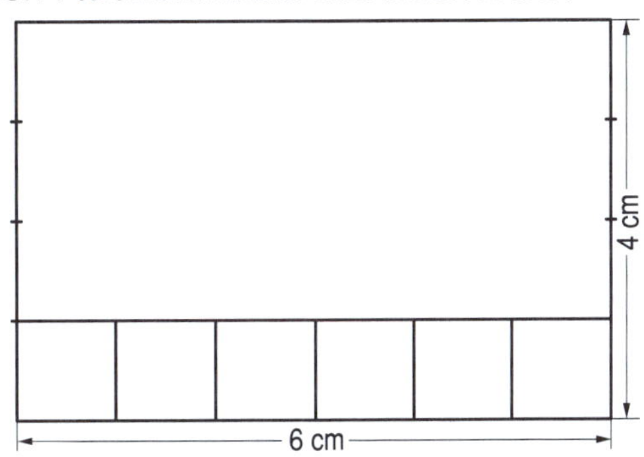

____ cm^2 in jedem Streifen

____ Streifen

A = ____ cm^2

c)

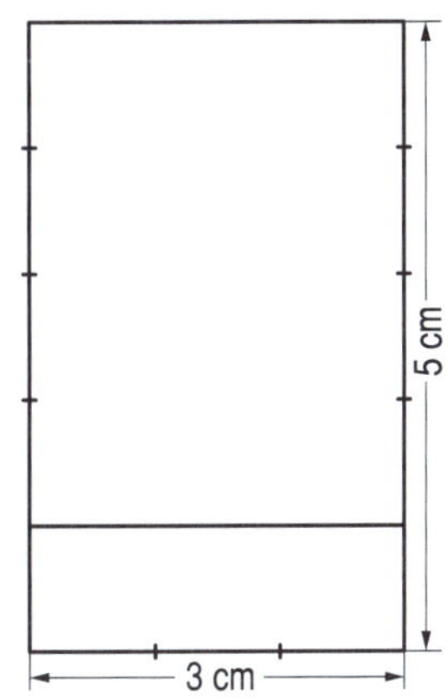

____ cm^2 in jedem Streifen

____ Streifen

A = ____ cm^2

3 Miss Länge und Breite des Rechtecks. Bestimme den Flächeninhalt.

____ cm

____ cm

____ cm^2 in jedem Streifen

____ Streifen; A = ____ cm^2

____ cm

____ cm

____ cm^2 in jedem Streifen

____ Streifen; A = ____ cm^2

Flächeninhalt von Rechteck und Quadrat

1 Miss Länge und Breite des Rechtecks. Berechne den Flächeninhalt.

a) 

Länge: ____ cm Breite: ____ cm

Flächeninhalt = Länge · Breite

A = ____ cm · ____ cm

A = ____ cm^2

b) 

Länge: ____ cm Breite: ____ cm

Flächeninhalt = Länge · Breite

A = ____ cm · ____ cm

A = ____ cm^2

2 Miss die Seiten a und b. Berechne den Flächeninhalt des Rechtecks.

a) 

b = ____ cm

a = ____ cm

A = a · b

A = ____ cm · ____ cm

A = ____ cm^2

b) 

b = ____ cm

a = ____ cm

A = a · b

A = ____ cm · ____ cm

A = ____ cm^2

3 Das große Rechteck ist aus vier gleichen kleinen Rechtecken zusammengesetzt. Berechne den Flächeninhalt für ein kleines Rechteck und für das große Rechteck.

kleines Rechteck

A = ____ cm · ____ cm

A = ____ cm^2

großes Rechteck

A = ____ cm · ____ cm

A = ____ cm^2

Umfang und Flächeninhalt

1 a) Zeichne das Rechteck: a = 12 cm, b = 3 cm.
Schreibe an jede Seite ihre Länge.

b) Berechne den Umfang u und den Flächeninhalt A des Rechtecks.

u = ______ A = ______

u = ____ cm A = ____ cm^2

2 Was ist gesucht: Umfang oder Flächeninhalt? Kreuze an.

a) Emine möchte ihr Lieblingsposter einrahmen.
Das Poster ist 60 cm lang und 40 cm breit.
Wie viel Zentimeter Leiste braucht Emine?

Umfang ○
Flächeninhalt ○

b) Eine Dachfläche ist 11 m lang und 5 m breit.
Das Dach wird mit Ziegeln eingedeckt.
Wie viel Quadratmeter Ziegel werden benötigt?

Umfang ○
Flächeninhalt ○

c) Eine Pferdeweide ist 90 m lang und 50 m breit.
Die Weide wird neu eingezäunt.
Wie viel Meter Zaun werden benötigt?

Umfang ○
Flächeninhalt ○

3 a) Wie lang wird der Zaun um das Beet?

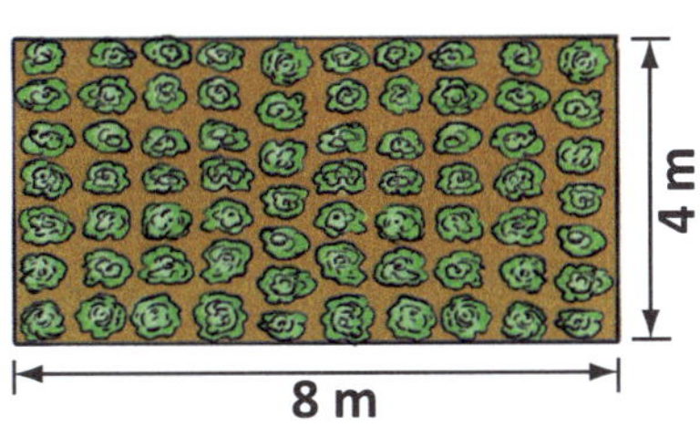

b) Wie groß ist die Rasenfläche?

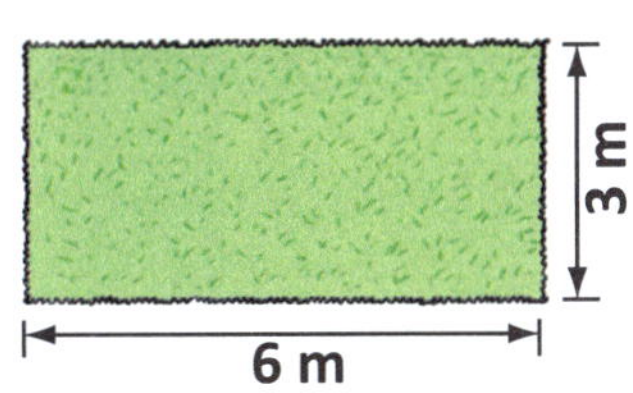

c) Wie groß ist die Fläche der Terrasse?

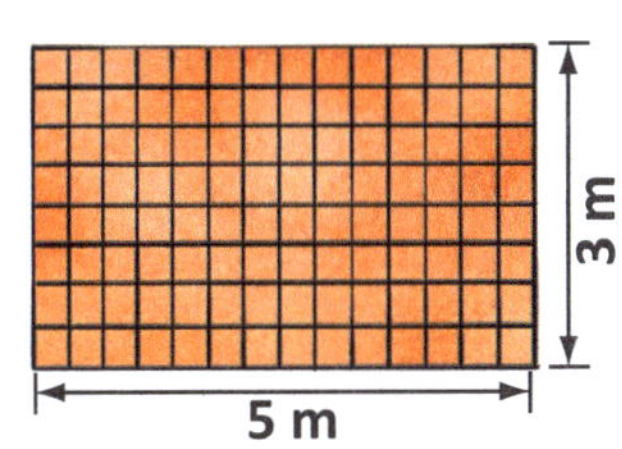

Flächeninhalt eines rechtwinkligen Dreiecks

1 Enno zerschneidet das Rechteck entlang der Linie von A nach C. Er erhält zwei Dreiecke.

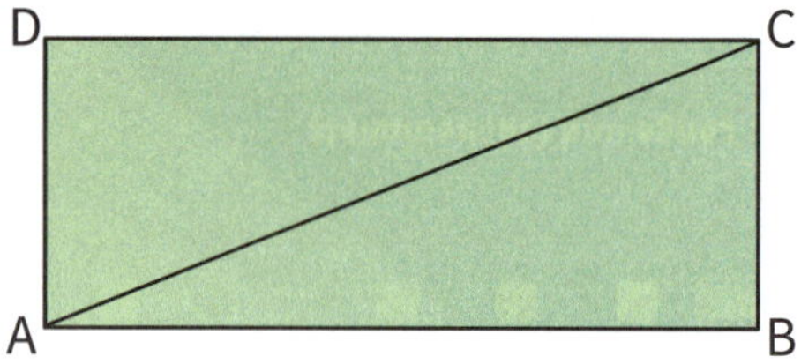

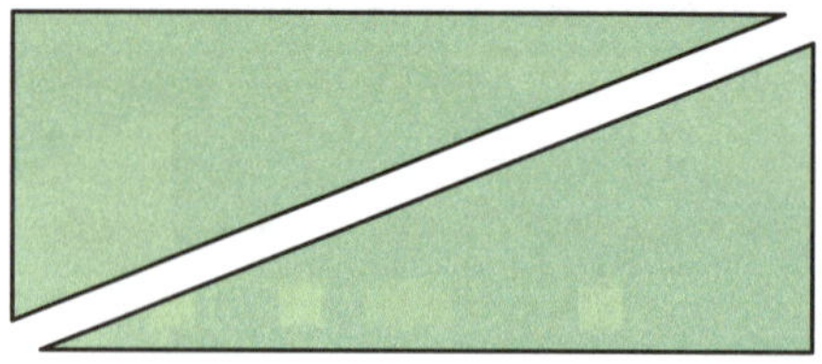

Ist die Aussage wahr oder falsch? Kreuze an.	wahr	falsch
a) Beide Dreiecke sind gleich groß.		
b) Ein Dreieck ist größer als das andere Dreieck.		
c) Jedes Dreieck hat einen rechten Winkel.		
d) Jedes Dreieck hat die Hälfte des Flächeninhalts des Rechtecks.		

2 Berechne den Flächeninhalt des rechtwinkligen Dreiecks.

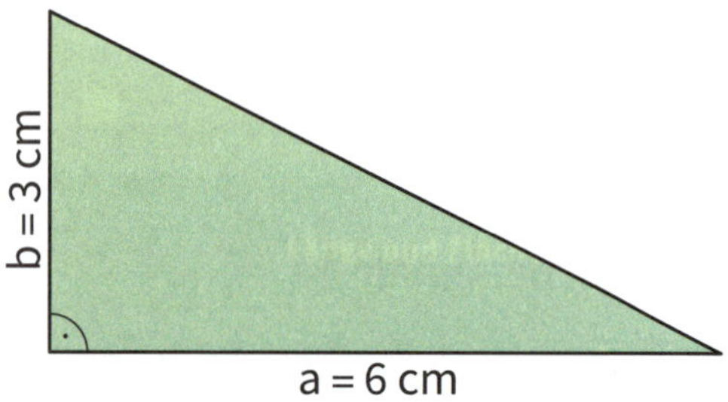

A = (a · b) : 2

A = (6 · 3) : 2

A = ________ cm^2

3 Miss die kurzen Seiten des rechtwinkligen Dreiecks. Berechne den Flächeninhalt des Dreiecks.

a) a = ____ cm, b = ____ cm b) a = ____ cm, b = ____ cm c) a = ____ cm, b = ____ cm

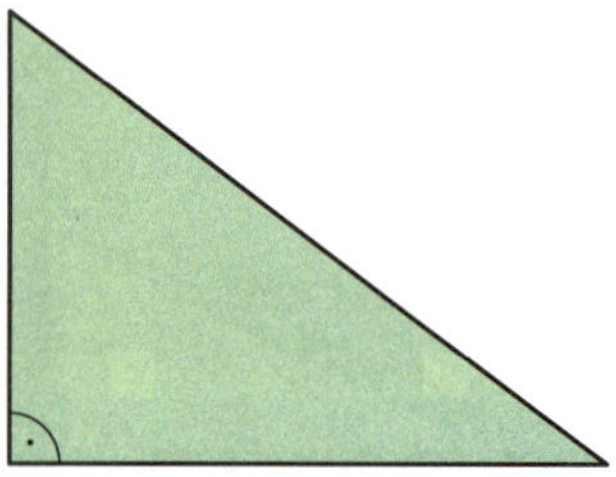

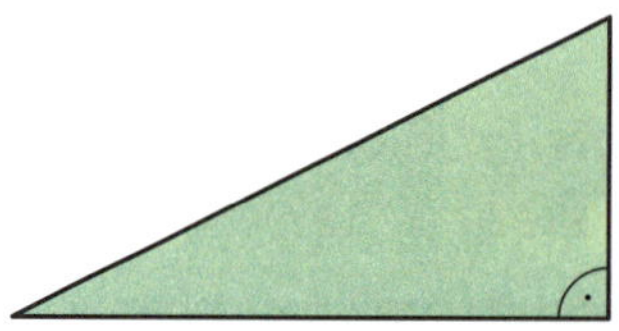

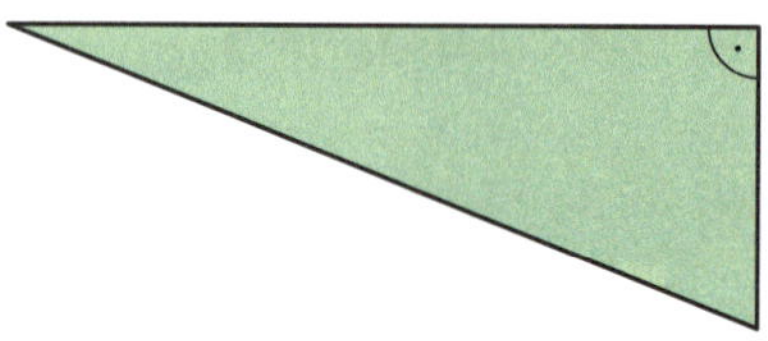

a)
A = (a · b) : 2
A = ________
A = ________ cm^2

b)
A = ________
A = ________
A = ________ cm^2

c)
A = ________
A = ________
A = ________ cm^2

4 Berechne, wie viel Quadratzentimeter Glas für das Fenster benötigt werden.

a)

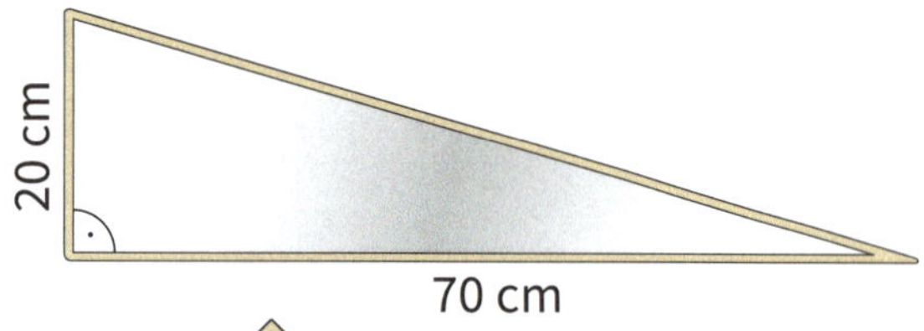

________ cm^2 Glas

b)

________ cm^2 Glas

Anwendungen

1 a) Der rechteckige Garten wird neu eingezäunt. Für das Tor bleiben 2 m frei. Wie viel Meter Zaun werden benötigt?

Es werden ______ m Zaun benötigt.

b) Wie groß ist die eingezäunte Fläche?

Die eingezäunte Fläche ist ______ m^2 groß.

c) Der Fußboden der Gartenlaube ist 3 m lang und 2 m breit. Der Boden wird mit Platten ausgelegt. Immer 4 Platten passen auf 1 m^2. Wie viele Platten werden insgesamt benötigt?

Es werden ______ Platten benötigt.

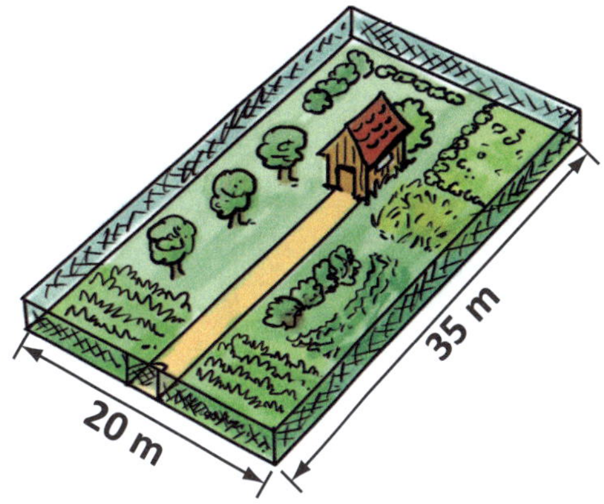

2 Familie Aumann möchte die Decke ihres Wohnzimmers mit Holz verkleiden.

a) Wie viel Quadratmeter Holz werden benötigt?

____

Es werden ______ m^2 Holz benötigt.

b) Um die Decke herum bringt Herr Aumann eine Abschlussleiste an. Wie viel Meter Leiste benötigt Herr Aumann?

Herr Aumann benötigt ______ m Leiste.

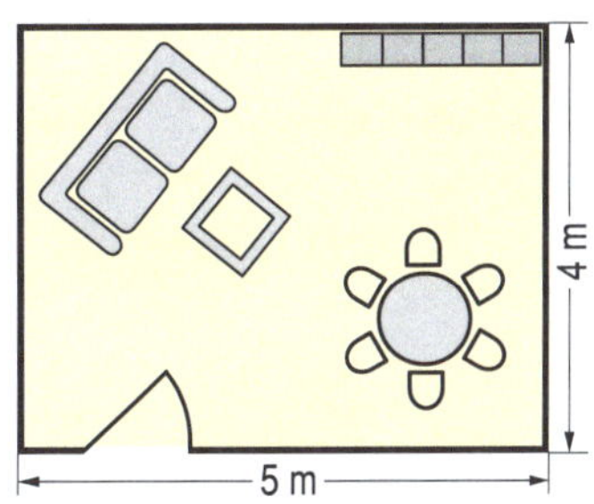

3 a) Berechne für jedes Blumenbeet die Größe der Fläche und den Umfang.

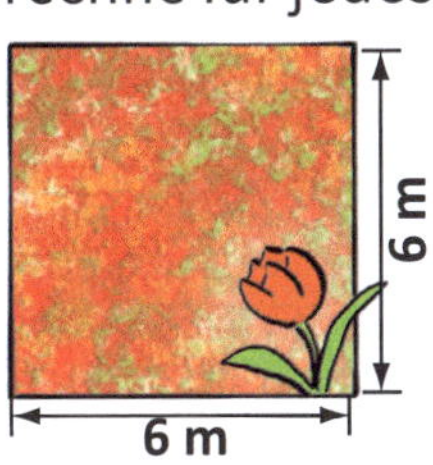

A = __________ m^2

u = __________ m

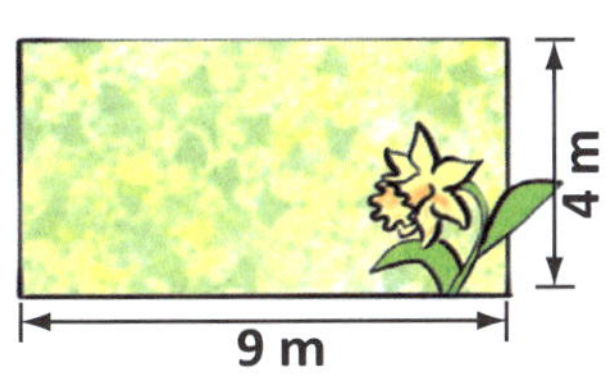

A = __________ m^2

u = __________ m

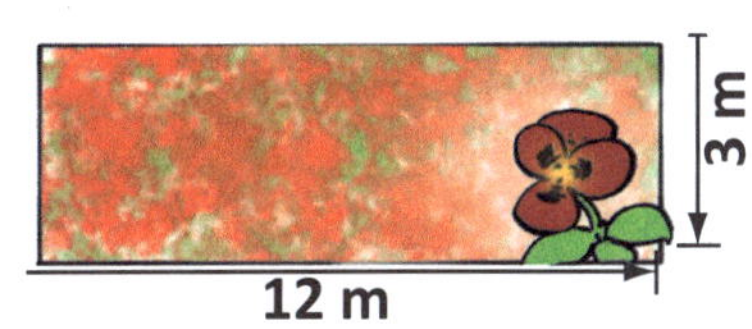

A = __________ m^2

u = __________ m

b) Vergleiche die Ergebnisse. Was stellst du fest? Kreuze an.

◯ Alle Rechtecke mit dem gleichen Flächeninhalt haben den gleichen Umfang.

◯ Rechtecke mit verschiedenem Umfang können den gleichen Flächeninhalt haben.

Vermischte Übungen

1 Teile die Figur in Quadratzentimeter ein. Wie viele cm^2 groß ist die Figur?

a) 

_____ cm^2

b) 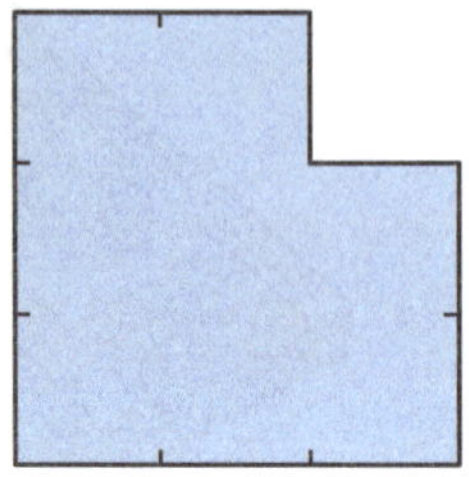

_____ cm^2

c) 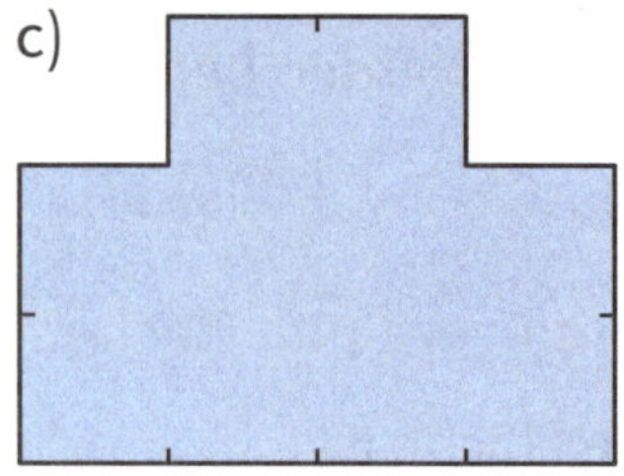

_____ cm^2

d) 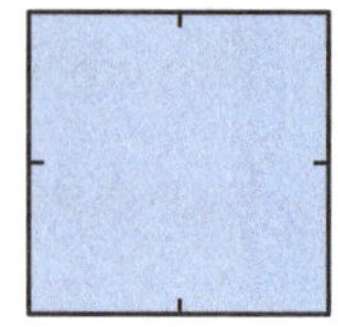

_____ cm^2

2 Miss die Seitenlängen des Rechtecks. Berechne den Umfang.

a) 

___ cm

___ cm

u = _____

u = _____ cm

b) 

___ cm

___ cm

u = _____

u = _____ cm

c) 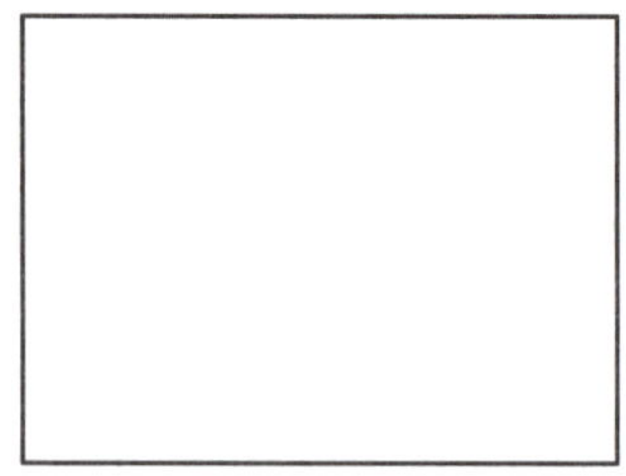

___ cm

___ cm

u = _____

u = _____ cm

3 Miss die Seitenlängen. Ergänze zum Rechteck. Berechne den Flächeninhalt.

a)

___ cm

___ cm

A = _____

A = _____ cm^2

b) 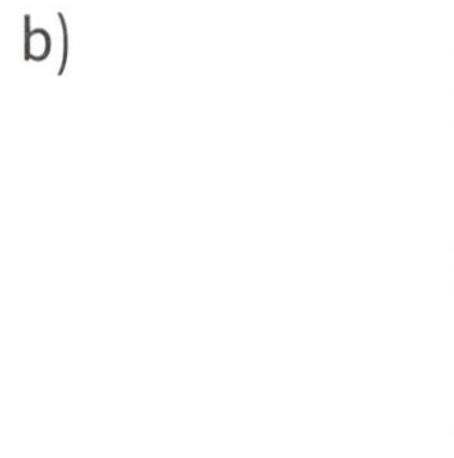

___ cm

___ cm

A = _____

A = _____ cm^2

c) 

___ cm

___ cm

A = _____

A = _____ cm^2

4 a) Wie lang ist der Zaun um die Weide?

_____

_____

b) Wie groß ist die Fläche der Terrasse?

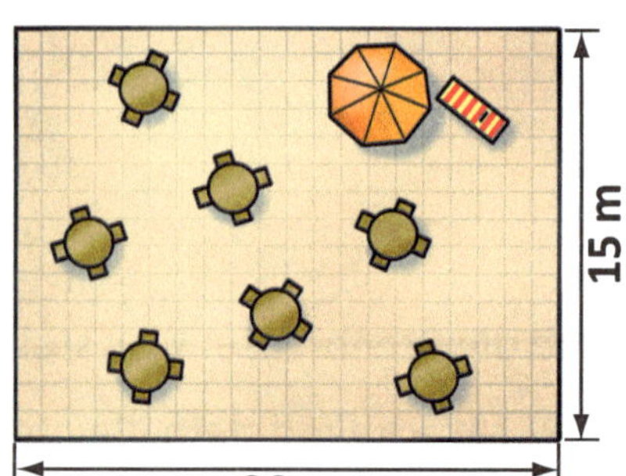

_____

_____

8 Symmetrien und Muster

Achsensymmetrische Figuren

1 Nicht jede dieser Figuren hat eine Spiegelachse. Zeichne alle Spiegelachsen ein und überprüfe mit einem Spiegel.

a)

b)

c)

d)

e)

f)

2 Zeichne die Spiegelachsen ein.

a)

b)

c)

d)

e)

f)

g)
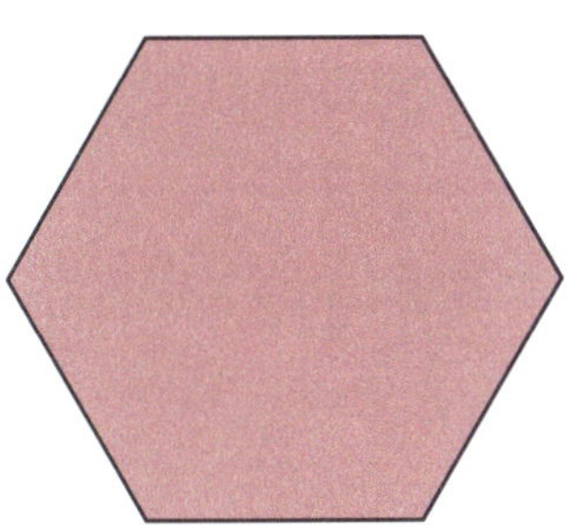

h)
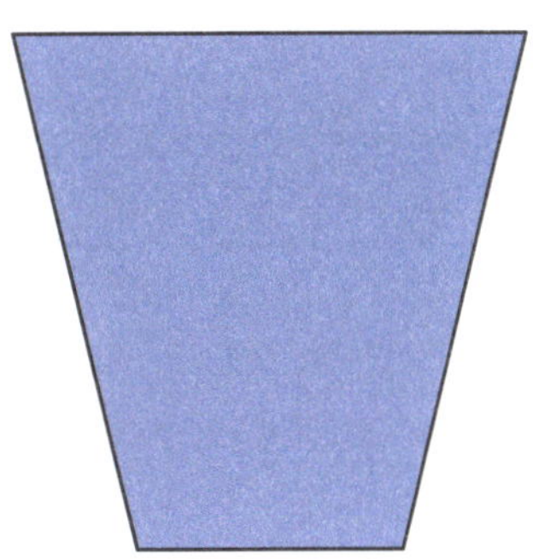

i)

Achsensymmetrische Figuren zeichnen

1 Ergänze zu achsensymmetrischen Figuren.

a)

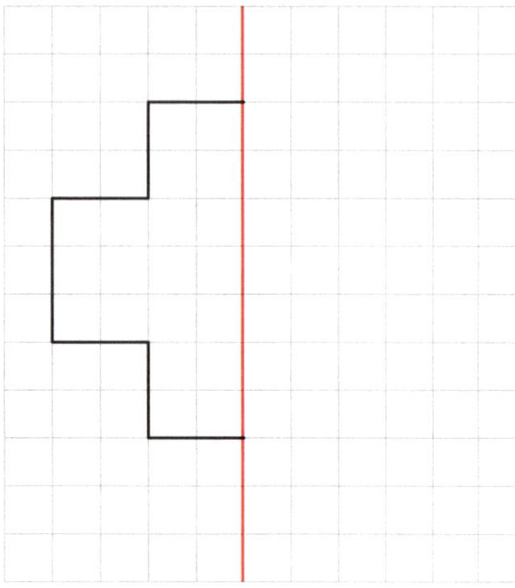

b)

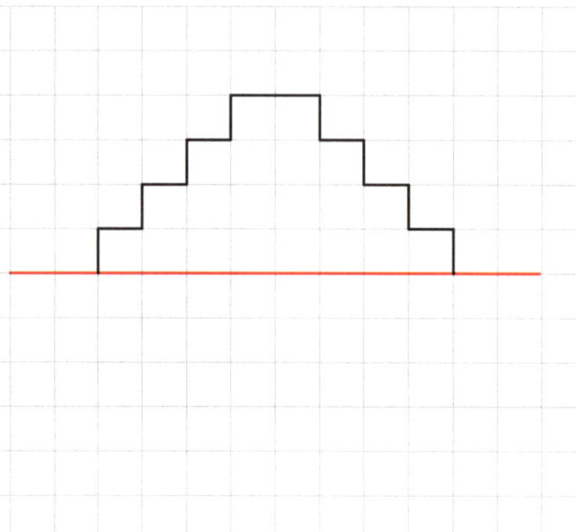

c)

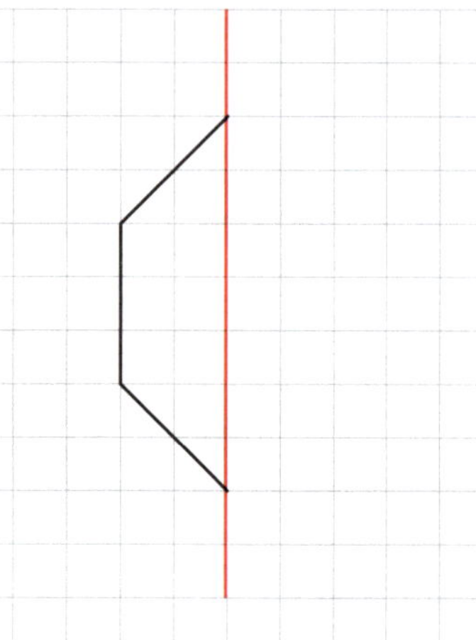

d)

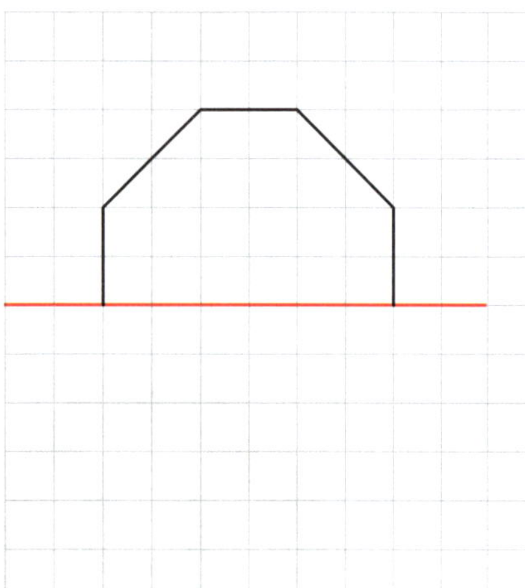

e)

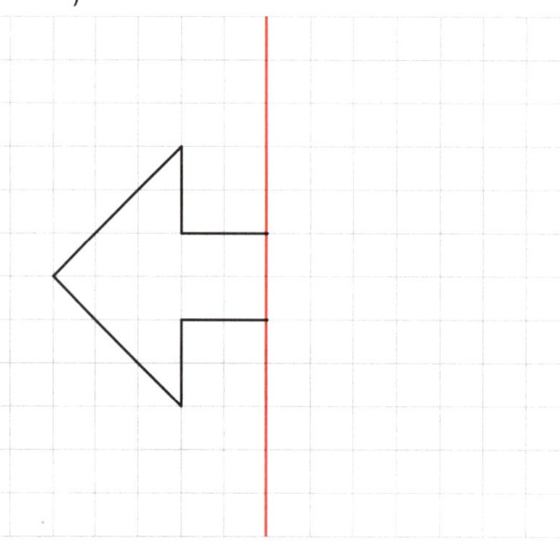

f)

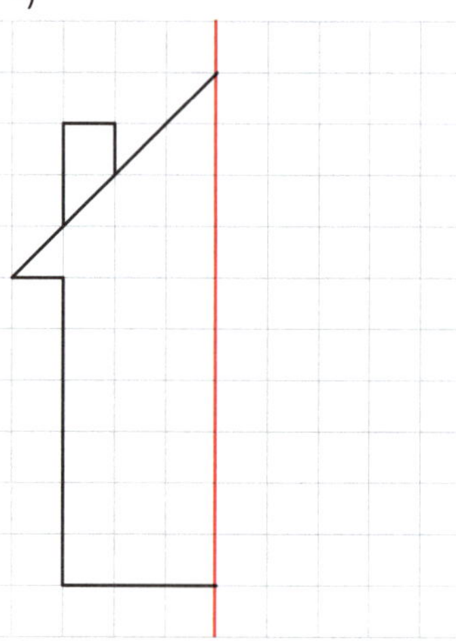

g)

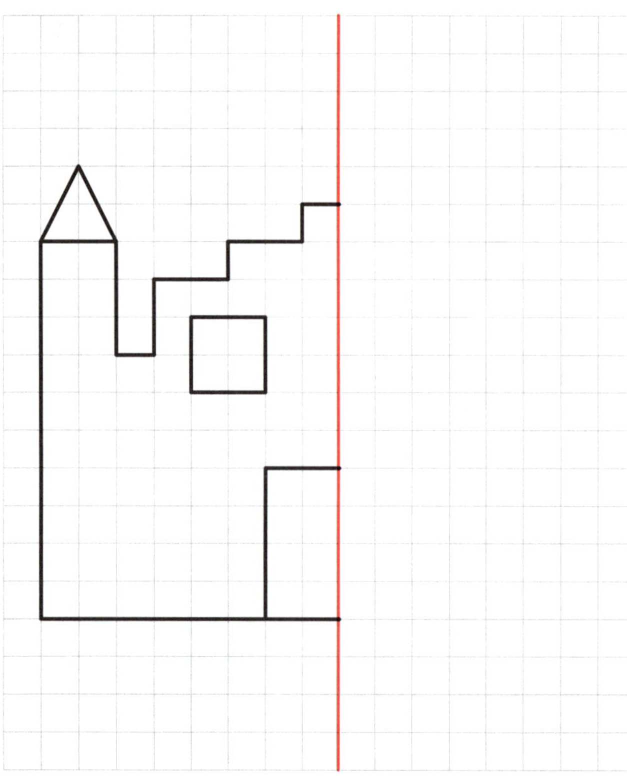

h)

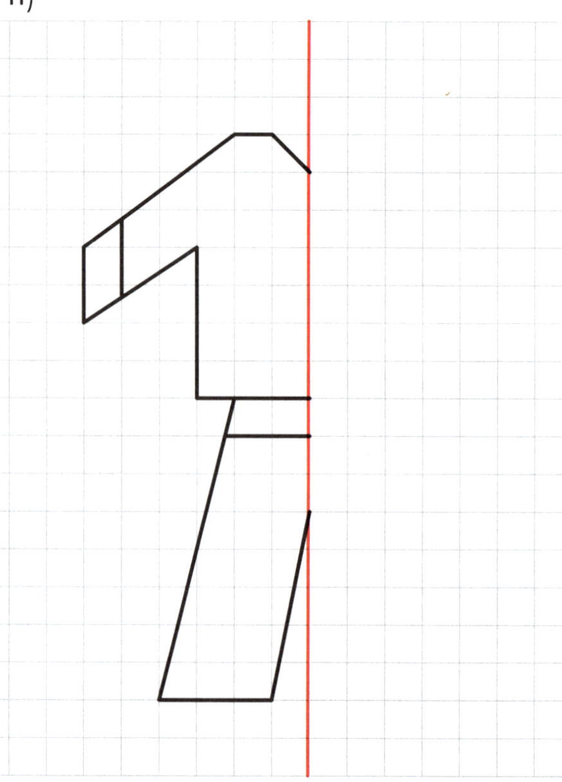

Verschiebung

Lea hat mit einer Schablone ein Dreieck an die Tafel gezeichnet. Dann hat sie die Schablone verschoben und damit erneut ein Dreieck gezeichnet.
Die Pfeile zeigen die Länge und die Richtung der Verschiebung.

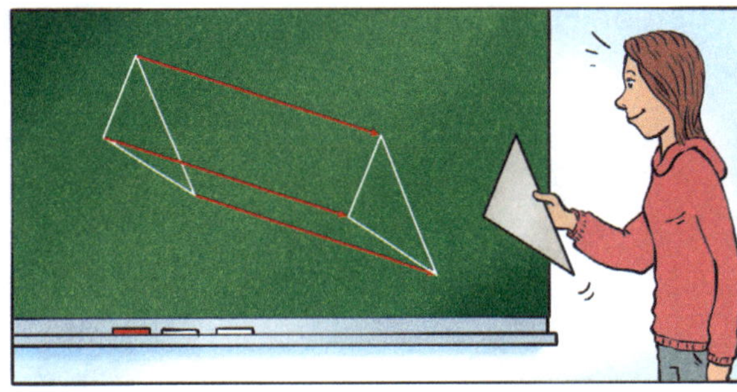

1 Trage die fehlenden Verschiebungspfeile für die Ecken ein.

a)

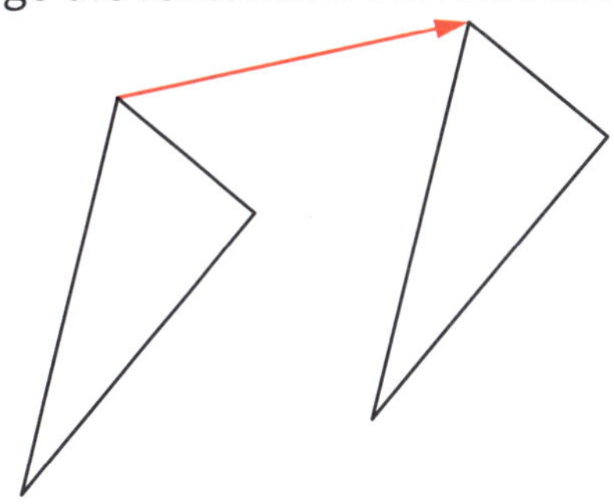

b)

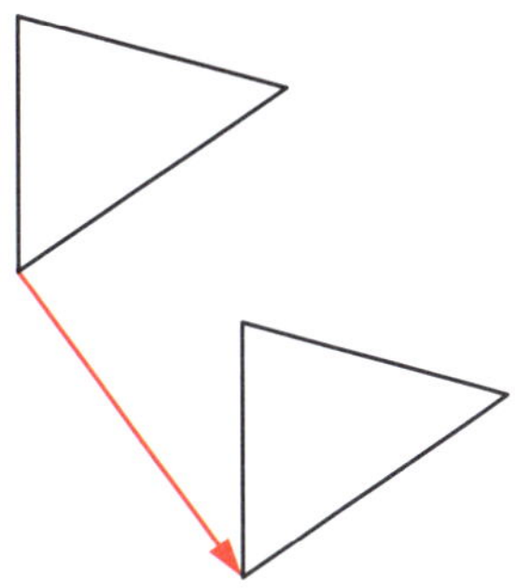

c)

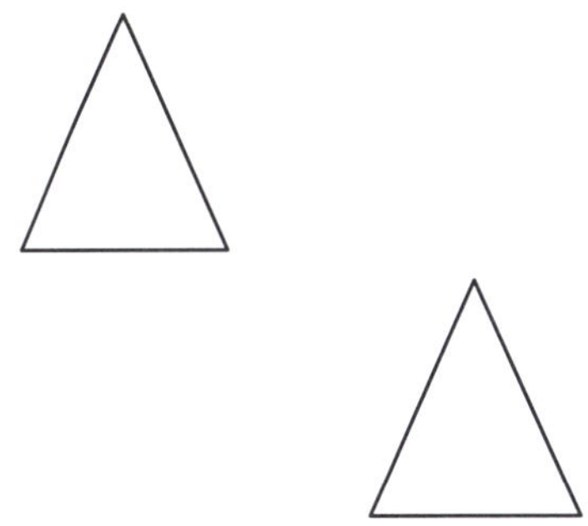

2 Die Figur wird mit dem Verschiebungspfeil verschoben. Zeichne die Bildfigur.

a)

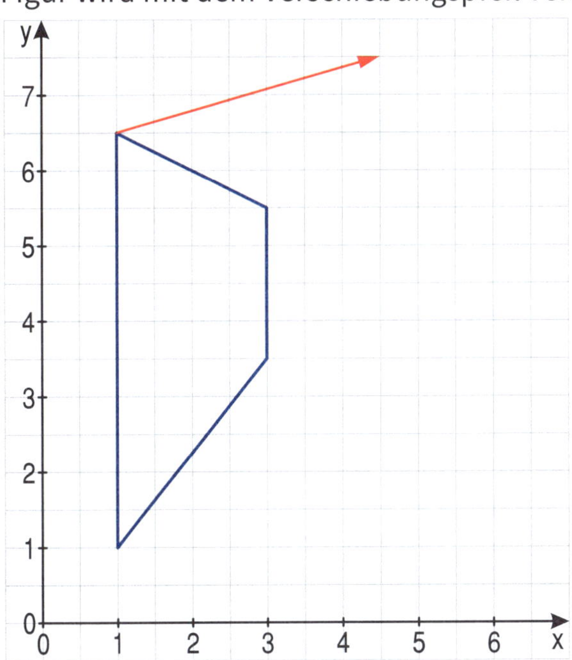

b)

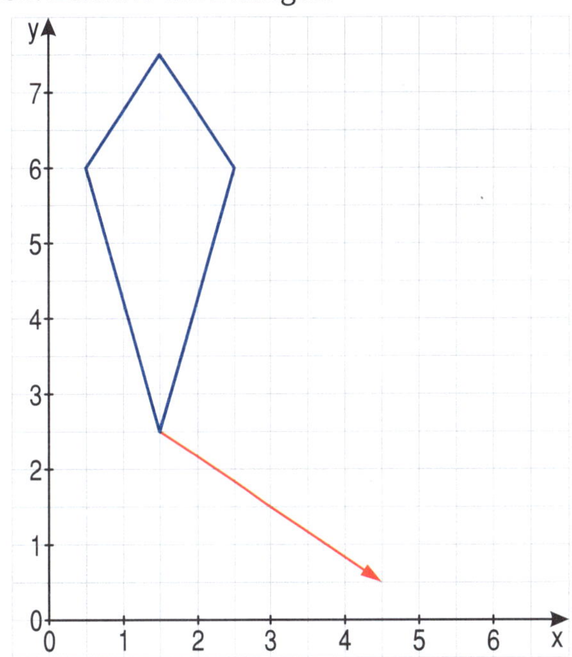

3 Ist die Aussage für eine Verschiebung wahr oder falsch? Kreuze an.

	wahr	falsch
a) Die Seiten der Figur sind so lang wie die entsprechenden Seiten der Bildfigur.		
b) Der Flächeninhalt der Figur ist so groß wie der Flächeninhalt der Bildfigur.		
c) Die Winkel der Figur sind größer als die entsprechenden Winkel der Bildfigur.		
d) Die Seiten der Figur sind parallel zu den entsprechenden Seiten der Bildfigur.		

Vermischte Übungen

1 Nicht jede Figur hat eine Spiegelachse. Zeichne alle Spiegelachsen ein und überprüfe mit einem Spiegel.

a)

b)

c)

d)

2 Zeichne die Spiegelachsen ein.

a)

b)

c)

d)

3 Ergänze zu achsensymmetrischen Figuren.

a)
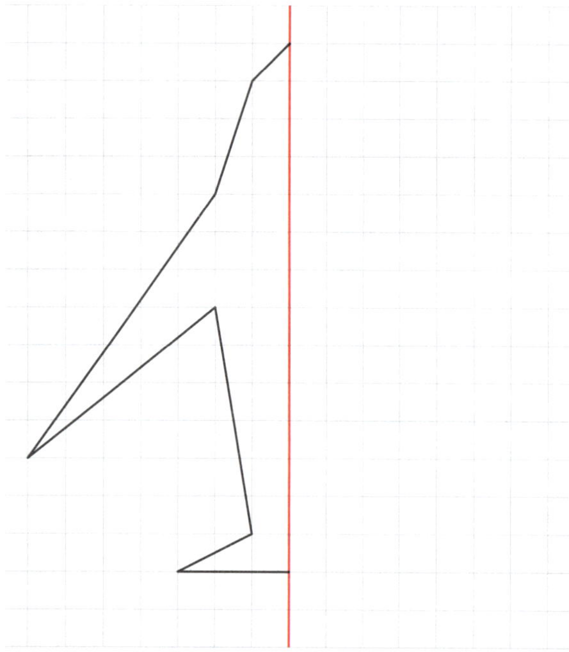
b)
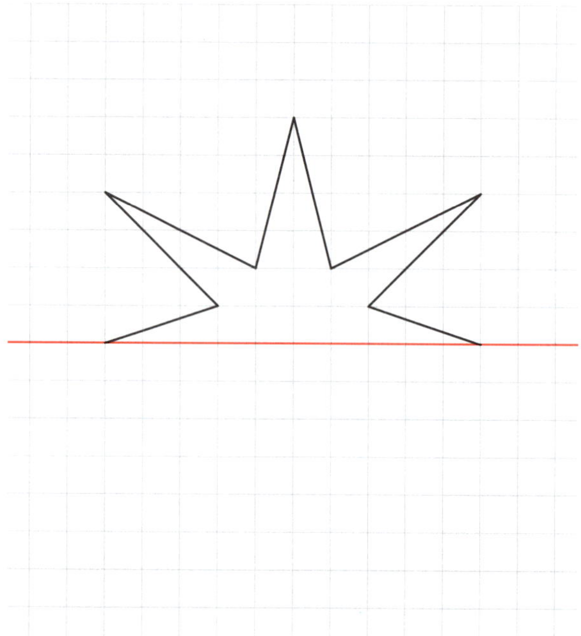

1 Wo wurde in gleich große Teile (gerecht) geteilt?
Kreuze an.

◯ 

◯ 

◯ 

◯ 

2 Wie heißt der Bruch?

a) 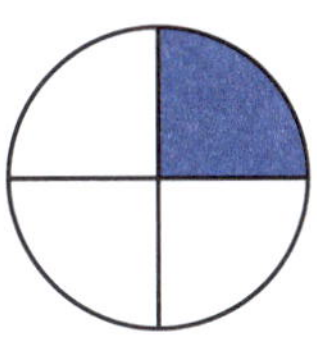 $\frac{1}{4}$

b) 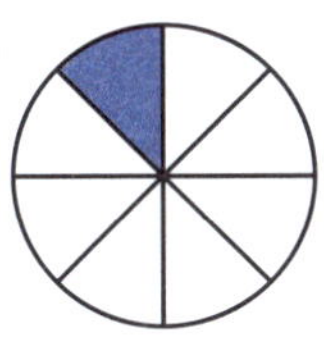

c) 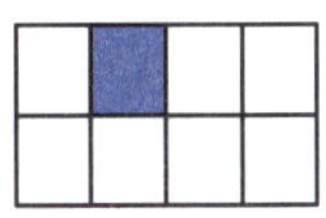

d) 

e) 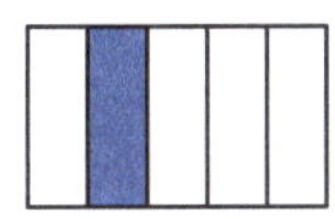

3 Färbe immer ein Feld. Gib den Bruchteil an.

a) 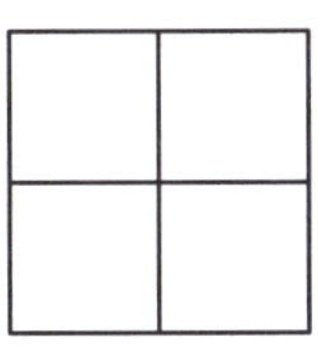 $\frac{1}{4}$

b) 

c) 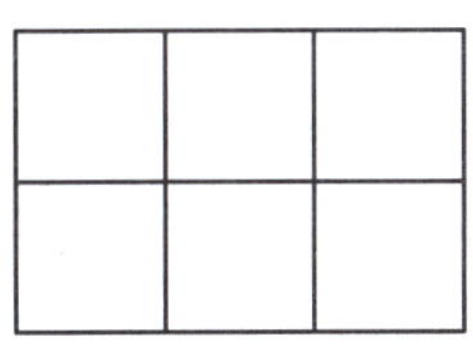

d) 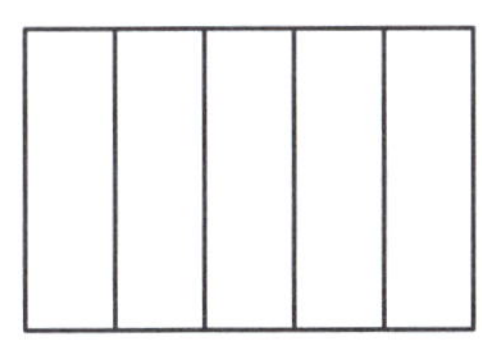

4 Zeichne und färbe den angegebenen Bruchteil.

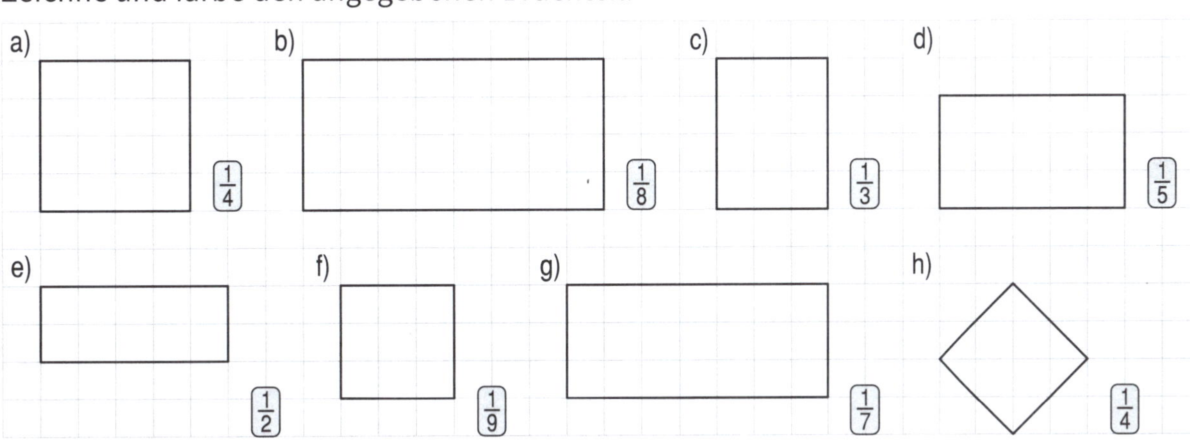

Bruchteile

1 Welcher Bruchteil ist gefärbt?

a) 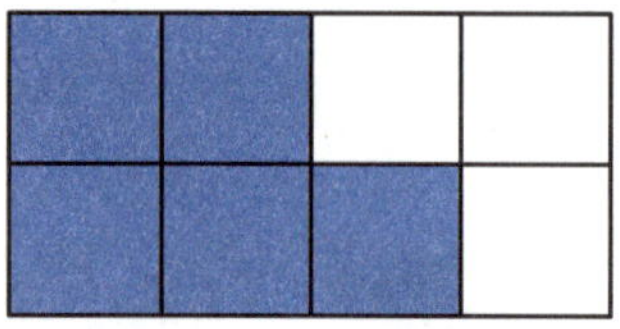

b) 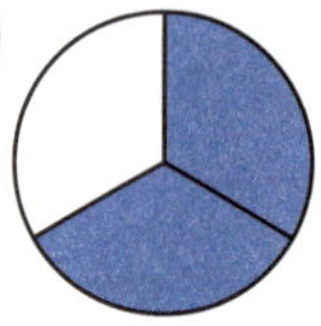

c) 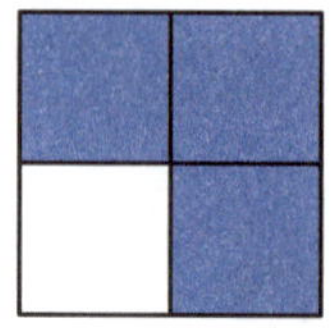

d) 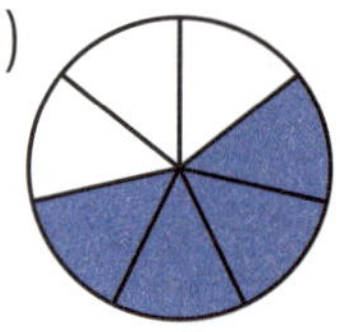

e) 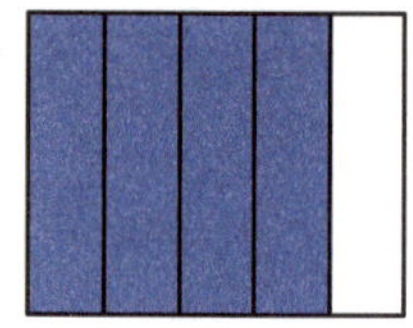

2 Färbe in jeder Figur den im Kreis dargestellten Bruchteil.

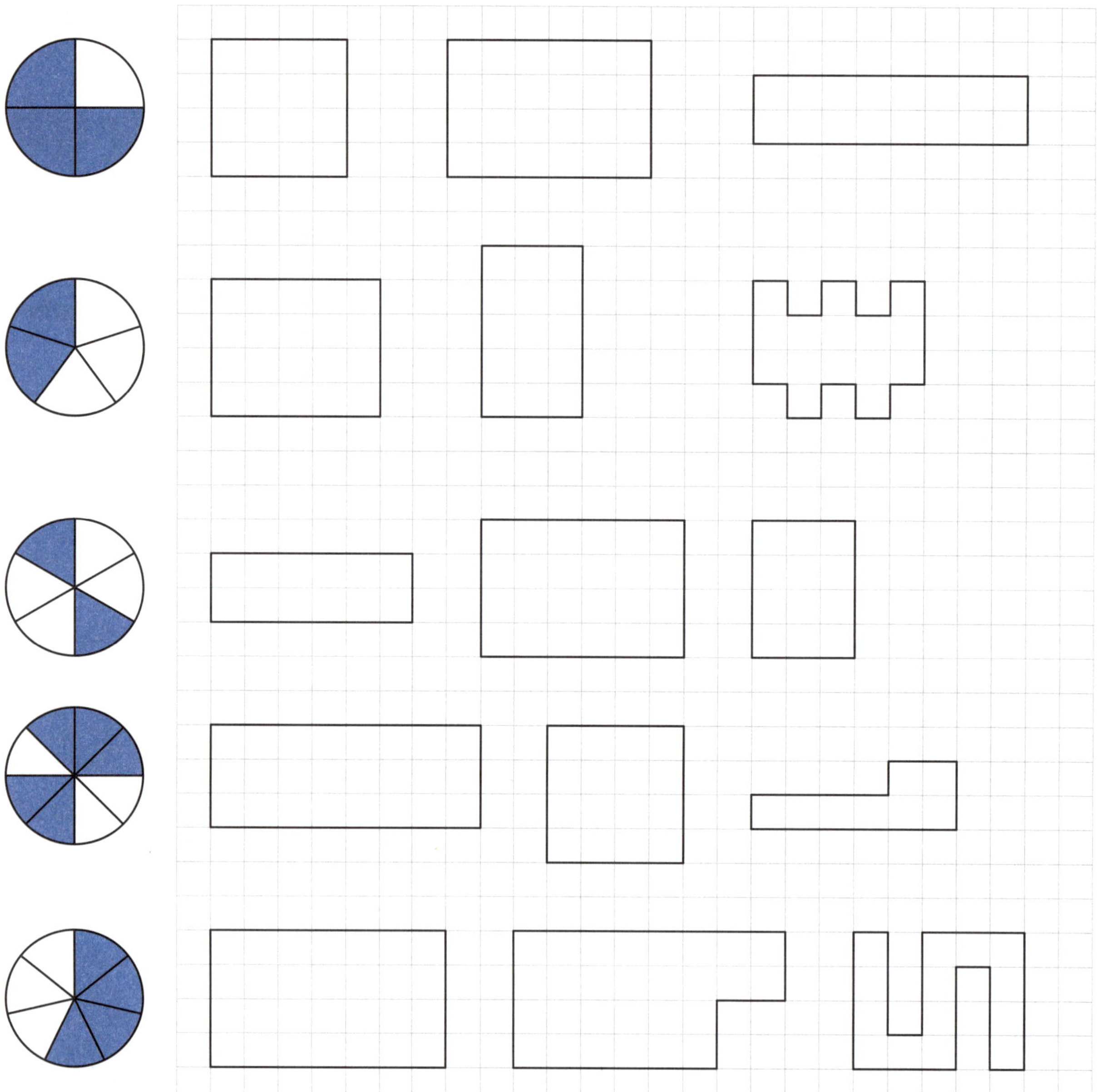

3 Finde verschiedene Möglichkeiten, in den Quadraten $\frac{3}{4}$ darzustellen.

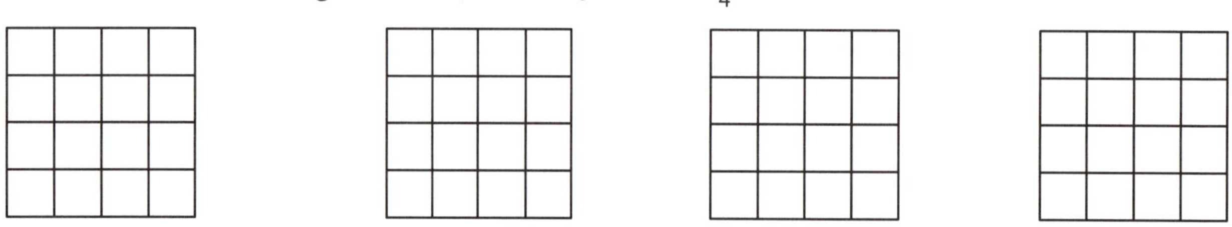

Brüche vergleichen

1 Notiere die Brüche. Setze ein: < oder >

a) 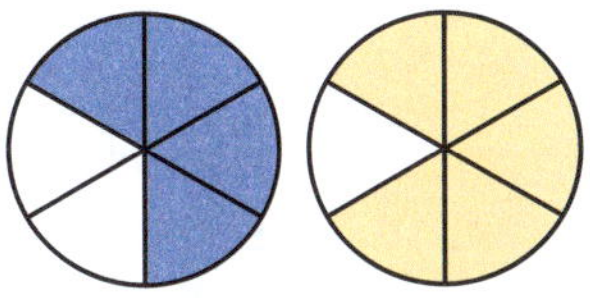

$\frac{\quad}{6} \; \square \; \frac{\quad}{6}$

b) 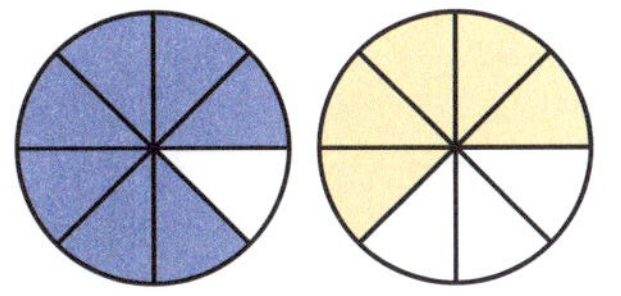

$\frac{\quad}{\quad} \; \square \; \frac{\quad}{\quad}$

c) 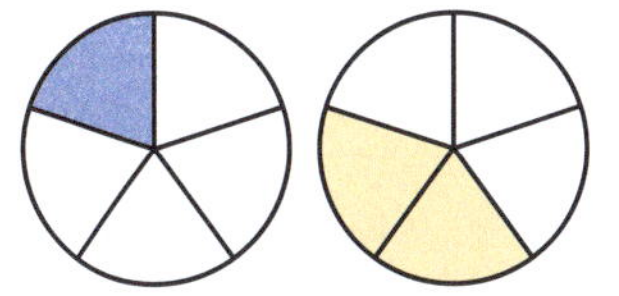

$\frac{\quad}{\quad} \; \square \; \frac{\quad}{\quad}$

2 Die Streifen sind gleich lang. Welcher Bruchteil ist gefärbt? Setze ein: < oder >

a) 

$\frac{\quad}{4} \; \square \; \frac{\quad}{3}$

b) 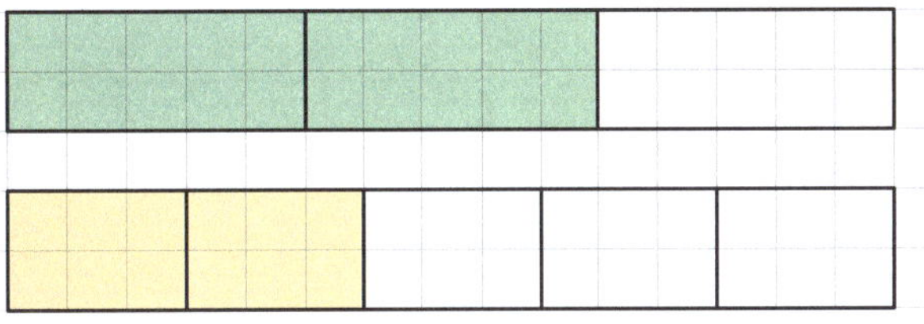

$\frac{\quad}{\quad} \; \square \; \frac{\quad}{\quad}$

3 Färbe die Bruchteile, dann setze ein: < oder >

a) 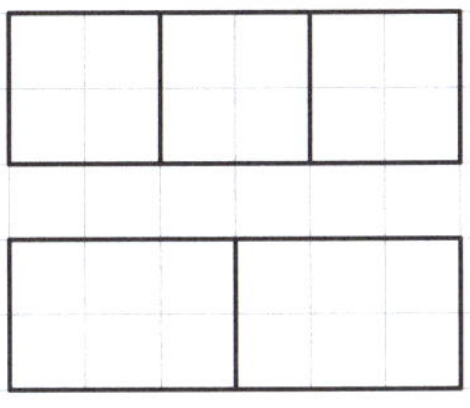

$\frac{1}{3} \; \square \; \frac{1}{2}$

b) 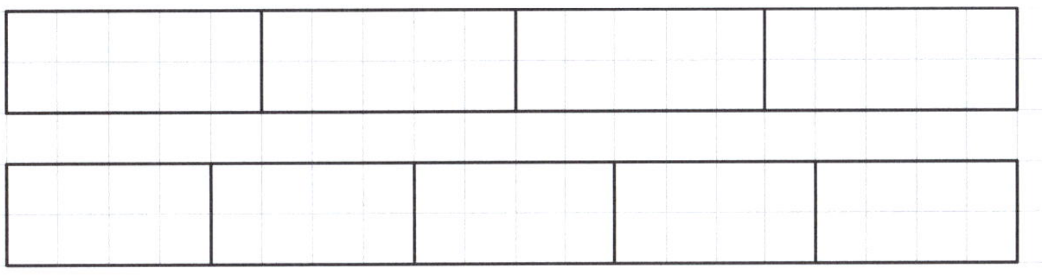

$\frac{3}{4} \; \square \; \frac{3}{5}$

4 Setze ein: < oder >

a) $\frac{1}{4} \; \square \; \frac{1}{7}$ $\quad \frac{3}{4} \; \square \; \frac{3}{7}$

b) $\frac{1}{5} \; \square \; \frac{1}{3}$ $\quad \frac{2}{5} \; \square \; \frac{2}{3}$

c) $\frac{1}{8} \; \square \; \frac{1}{9}$ $\quad \frac{5}{8} \; \square \; \frac{5}{9}$

d) $\frac{1}{10} \; \square \; \frac{1}{4}$ $\quad \frac{3}{10} \; \square \; \frac{3}{4}$

5 Färbe den ersten Bruchteil, dann vergleiche mit $\frac{1}{2}$. Setze ein: < oder >

a) 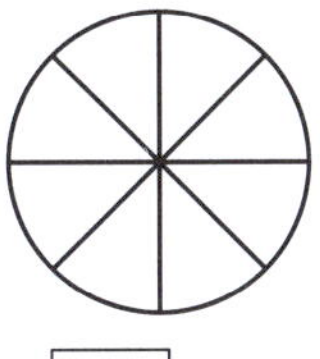

$\frac{5}{8} \; \square \; \frac{1}{2}$

b) 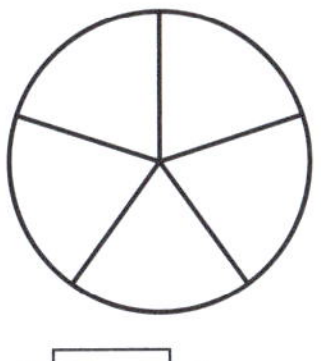

$\frac{3}{5} \; \square \; \frac{1}{2}$

c) 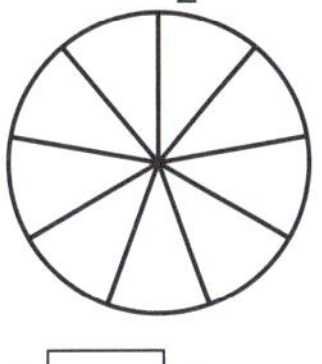

$\frac{4}{9} \; \square \; \frac{1}{2}$

d) 

$\frac{3}{7} \; \square \; \frac{1}{2}$

e) 

$\frac{7}{10} \; \square \; \frac{1}{2}$

6 Setze ein: < oder >

a) $\frac{3}{8} \; \square \; \frac{1}{2}$ b) $\frac{2}{5} \; \square \; \frac{1}{2}$ c) $\frac{5}{9} \; \square \; \frac{1}{2}$ d) $\frac{4}{7} \; \square \; \frac{1}{2}$ e) $\frac{3}{10} \; \square \; \frac{1}{2}$

7 Ein Bruch ist > $\frac{1}{2}$, der andere Bruch ist < $\frac{1}{2}$. Setze ein: < oder >

a) $\frac{5}{8} \; \square \; \frac{4}{9}$ b) $\frac{3}{7} \; \square \; \frac{5}{8}$ c) $\frac{6}{10} \; \square \; \frac{4}{9}$ d) $\frac{3}{7} \; \square \; \frac{5}{9}$ e) $\frac{6}{10} \; \square \; \frac{3}{7}$

8 Ordne die Brüche der Größe nach. Beginne mit dem kleinsten Bruch.

a) $\frac{1}{2}; \frac{1}{5}; \frac{1}{3}$ ____________________

b) $\frac{3}{5}; \frac{3}{4}; \frac{3}{7}$ ____________________

Vermischte Übungen

1 Welcher Bruchteil ist gefärbt?

a) 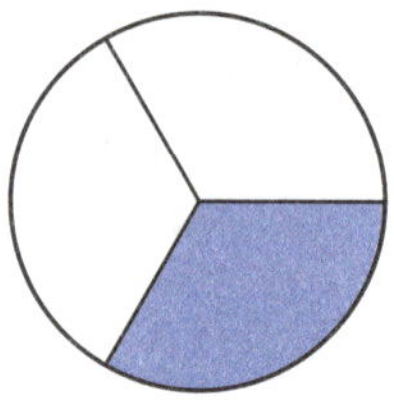 $\frac{1}{3}$

b) 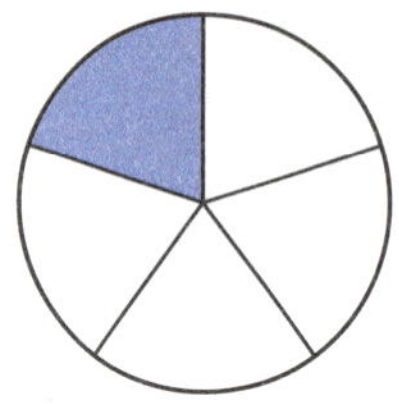 ____

c) 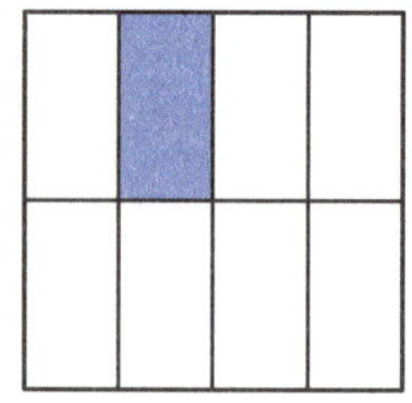 ____

d) 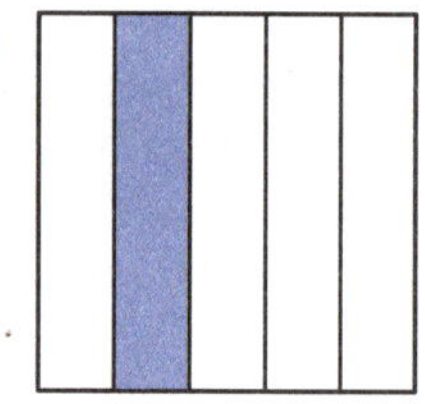 ____

2 Zeichne und färbe den angegebenen Bruchteil.

a)  $\frac{1}{4}$

b)  $\frac{1}{8}$

c)  $\frac{1}{3}$

d)  $\frac{1}{5}$

3 Welcher Bruchteil ist gefärbt?

a)  ____

b) 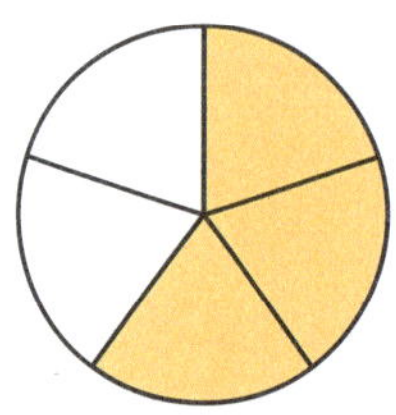 ____

c) 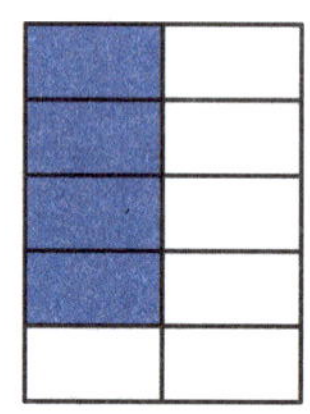 ____

d) 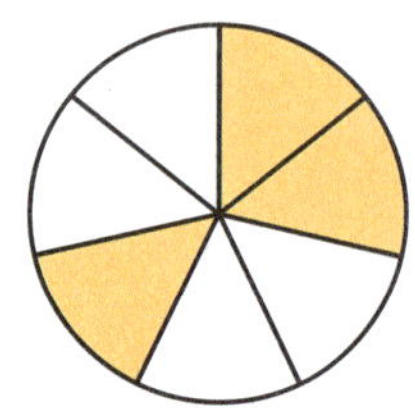 ____

4 Färbe den angegebenen Bruchteil.

a) 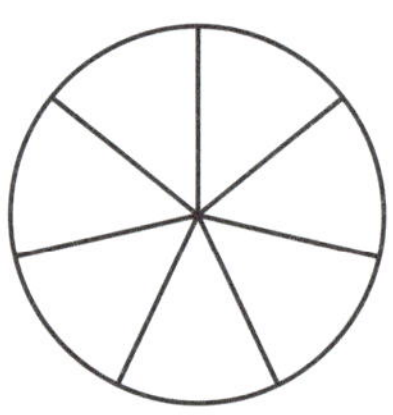 $\frac{5}{7}$

b) 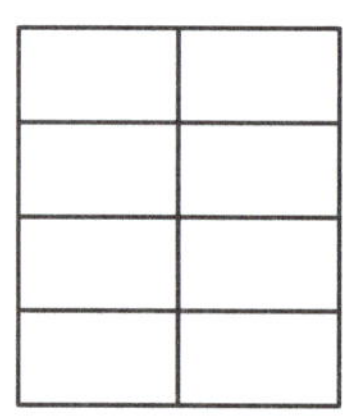 $\frac{5}{8}$

c) 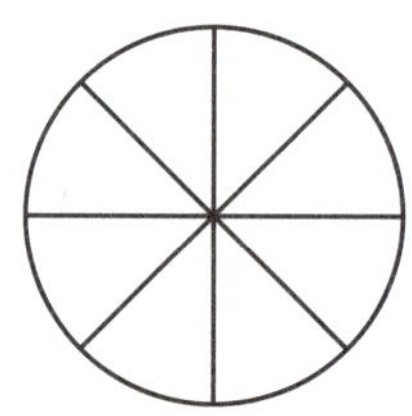 $\frac{7}{8}$

d) 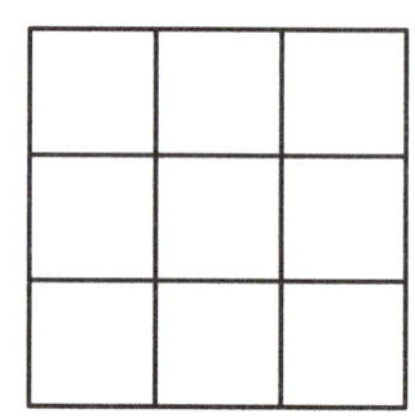 $\frac{5}{9}$

5 Färbe die Bruchteile, dann setze ein: < oder >.

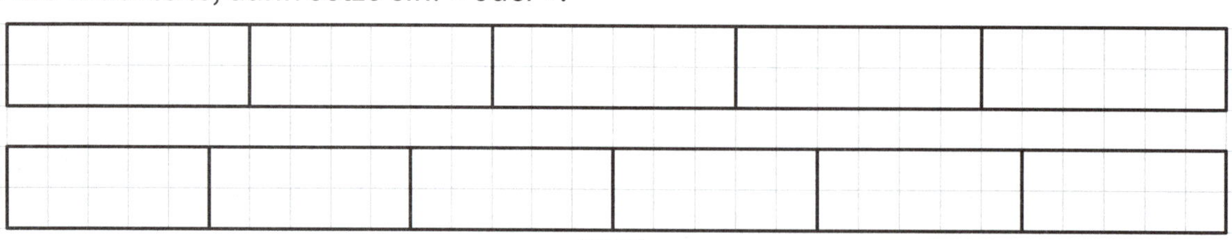

$\frac{4}{5}$ ☐ $\frac{4}{6}$

6 Setze ein: < oder >

a) $\frac{3}{7}$ ☐ $\frac{5}{7}$ b) $\frac{1}{8}$ ☐ $\frac{1}{9}$ c) $\frac{1}{5}$ ☐ $\frac{1}{3}$ d) $\frac{2}{3}$ ☐ $\frac{2}{5}$ e) $\frac{7}{12}$ ☐ $\frac{7}{10}$

Ordne die Brüche der Größe nach. Beginne mit dem kleinsten Bruch.

7 a) $\frac{1}{4}; \frac{1}{3}; \frac{1}{8}$ ____________   b) $\frac{4}{7}; \frac{4}{9}; \frac{4}{5}$ ____________

10 Zeit

Zeiteinheiten

1 Ordne zu.

60 s | 60 min | 24 h

______ ______ ______

2 Ordne die passenden Zeitangaben zu.

Klassenfahrt ______
100-Meter-Lauf ______
Unterrichtsstunde ______
Musikstück ______
Kinofilm ______

15 s | 1 h 50 min | 3 min 40 s | 5 Tage | 45 min

3 Wie viele Stunden sind es?

a) 2 Tage = ____ h b) 10 Tage = ____ h c) 5 Tage = ____ h d) 7 Tage = ____ h

4 Wie viele Minuten sind es?

a) 3 h = ____ min b) 5 h = ____ min c) 4 h = ____ min d) 1h 30 min = ____ min

5 Wie viele Minuten sind es?

a) 120 s = ____ min b) 600 s = ____ min c) 480 s = ____ min d) 660 s = ____ min

6 Wie viele Sekunden sind es?

a) 1 min = ____ s b) 6 min = ____ s c) 9 min = ____ s d) 10 min = ____ s

7 Ordne die Zeitangaben nach ihrer Dauer. Beginne mit der kürzesten Dauer.

90 min	E	2 min	C	$\frac{1}{2}$ min	O	10 s	W	1 h	H

Wie heißt das Lösungswort? ______

Zeitpunkte und Zeitspannen

1 Ergänze.

a) 40 min + ____ min = 1 h
50 min + ____ min = 1 h

b) 15 min + ____ min = 1 h
8 min + ____ min = 1 h

c) 90 min + ____ min = 2 h
45 min + ____ min = 2 h

2 Wie viele Minuten sind es bis zur nächsten vollen Stunde?

a) 5 : 40 ____ min

b) 10 : 35 ____ min

c) 19 : 53 ____ min

d) 8 : 01 ____ min

3 Wie viele Minuten sind es bis zur nächsten vollen Stunde?

a)  ____ min

b)  ____ min

c)  ____ min

4

Wie lange dauert es noch bis zur nächsten Vorführung?

A: ______________________

____

5 Vervollständige die Tabelle.
Mario fährt um 7:20 Uhr los und erreicht die Schule um 7:49 Uhr.
Josef fährt 25 Minuten und kommt um 7:50 Uhr bei der Schule an.
Hatice fährt um 7:10 Uhr los, die Fahrzeit zur Schule beträgt 37 Minuten.

	Mario	Josef	Hatice
Abfahrt	7:20 Uhr		
Fahrtdauer			37 Minuten
Ankunft	7:49 Uhr	7:50 Uhr	

6 Vervollständige die Tabelle.
Uta fährt um 13:30 Uhr mit dem Bus von der Schule ab. Um 14:00 Uhr steigt Uta aus.
Gregor steigt um 13:25 Uhr in den Bus ein und verlässt ihn nach 25 Minuten.
Ines fährt insgesamt 28 Minuten mit dem Bus. Sie steigt um 14:08 Uhr aus.

	Uta	Gregor	Ines
Abfahrt			
Fahrtdauer			
Ankunft			

Zeitpunkte und Zeitspannen

1

Von 7:45 Uhr bis 8:00 Uhr sind es

_____ Minuten,
von 8:00 Uhr bis 13:00 Uhr sind es

_____ Stunden,
von 13:00 Uhr bis 13:05 Uhr sind es

_____ Minuten.

Schreibe so:

7:45 Uhr bis 13:05 Uhr	
von 7:45 Uhr bis 8:00 Uhr:	15 Minuten
von 8:00 Uhr bis 13:00 Uhr:	_____ Stunden
von 13:00 Uhr bis 13:05 Uhr:	_____ Minuten
_____ Stunden	_____ Minuten

Von 7:45 Uhr bis 13:05 Uhr sind es _____ Stunden und _____ Minuten.

2 Zeichne die Zeiger ein. Wie viel Zeit ist vergangen?

Nadine fährt um 15:00 Uhr los zum Training.

Den Sportplatz erreicht sie um 15:20 Uhr.

Das Training ist um 17:00 Uhr zu Ende.

Um 17:30 Uhr kommt Nadine wieder zu Hause an.

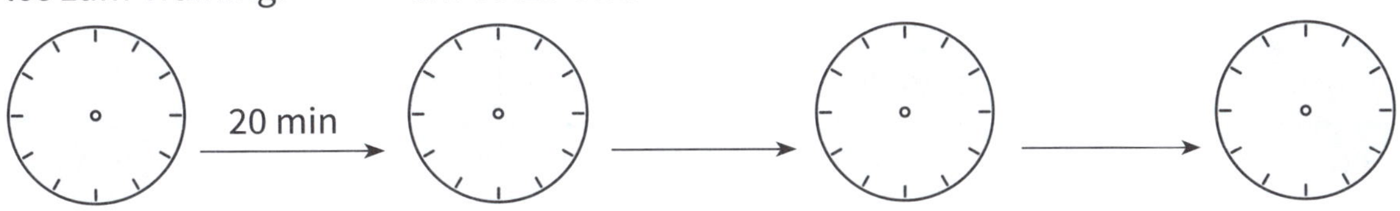

A: ____

3

Anfang	9:00 Uhr	9:45 Uhr	12:30 Uhr	15:55 Uhr	19:47 Uhr	
Dauer	55 min	30 min	1 h 20 min			1 h 15 min
Ende				17:00 Uhr	21:57 Uhr	19:15 Uhr

4 Wie viel Zeit ist insgesamt vergangen?

16:46 → _____ min → 16:52 → _____ min → 17:15 → _____ min → 17:19

A: ____

Vermischte Übungen

1 Wie viele Minuten sind es?

a) 2 h = ____ min 3 h = ____ min 1 h 20 min = ____ min 2 h 30 min = ____ min

b) 180 s = ____ min 300 s = ____ min 120 s = ____ min 600 s = ____ min

c) 1 h 40 min = ____ min 4 h = ____ min 3 h 10 min = ____ min 5 h = ____ min

2 Ergänze.

a) 30 min + ____ min = 1 h
50 min + ____ min = 1 h
35 min + ____ min = 1 h

b) 45 min + ____ min = 1 h
11 min + ____ min = 1 h
7 min + ____ min = 1 h

c) 70 min + ____ min = 2 h
118 min + ____ min = 2 h
95 min + ____ min = 2 h

3 Wie viele Minuten sind es bis zur nächsten vollen Stunde?

a)  8:45 Uhr ____ min

b) 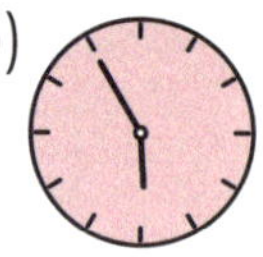 17:55 Uhr ____ min

c) 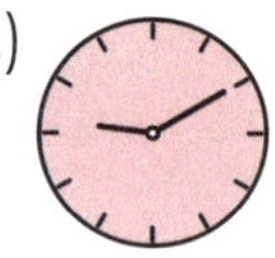 21:10 Uhr ____ min

4 Wie viel Zeit ist insgesamt vergangen?

10:45 —20 min→ 11:05 —____ min→ 11:30 —____ min→ 12:10

A: ____

5 Fülle die Tabelle aus.

Abfahrt	13:00 Uhr	7:45 Uhr	10:45 Uhr	11:55 Uhr	
Fahrtdauer	45 min		30 min		20 min
Ankunft		8:00 Uhr		12:30 Uhr	9:30 Uhr

6 Zeichne die Zeiger ein. Wie viel Zeit ist vergangen?

Paul kommt um 15:00 Uhr beim Kino an.

Um 15:15 Uhr sitzt er im Kinosaal.

Der Film beginnt um 15:30 Uhr.

Um 17:20 Uhr ist der Film zu Ende.

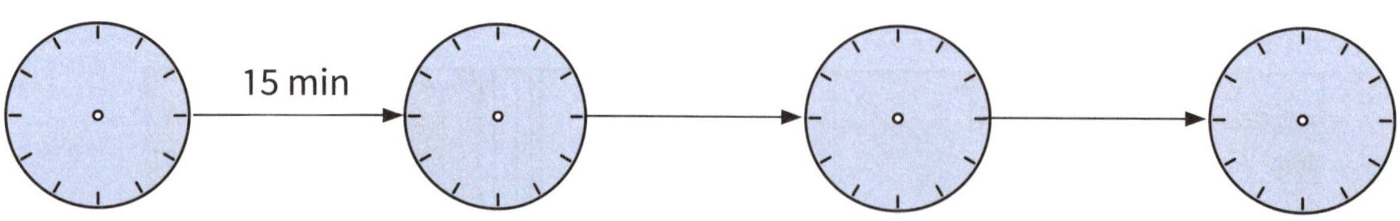

A: ____

7 Ein Kinofilm beginnt um 17:15 Uhr.
Der Film dauert 95 Minuten.
Wie spät ist es dann?

A: ____

Alles paletti
Vermischte Übungen

1 Kleiner, größer oder gleich? Setze ein: <, > oder =.

a) 372 ☐ 394 | 654 ☐ 645 | 298 ☐ 289

b) 2 789 ☐ 5 496 | 999 ☐ 1 002 | 5 852 ☐ 5 258

c) 913 ☐ 9 002 | 6 098 ☐ 6 123 | 2 501 ☐ 1 925

d) 5 041 ☐ 5 041 | 2 440 ☐ 2 044 | 3 689 ☐ 6 389

2 a) Bilde aus den Ziffern sechs verschiedene Zahlen.

5 3 2 9

______ ______ ______ ______ ______ ______

b) Wie heißt die größte Zahl, die du mit den Karten bilden kannst? ______

c) Wie heißt die kleinste Zahl, die du mit den Karten bilden kannst? ______

3 Runde auf Hunderter.

a) 764 ≈ ______ | 532 ≈ ______

b) 516 ≈ ______ | 975 ≈ ______

c) 4 321 ≈ ______ | 8 078 ≈ ______

d) 5 049 ≈ ______ | 9 989 ≈ ______

4 Runde auf Tausender.

a) 3 259 ≈ ______ | 4 852 ≈ ______

b) 2 046 ≈ ______ | 6 807 ≈ ______

c) 3 584 ≈ ______ | 7 358 ≈ ______

d) 769 ≈ ______ | 43 817 ≈ ______

5 Wie heißt die Zahl in der Mitte? Trage ein.

a) 60 ——|—— 80 ______

b) 70 ——|—— 90 ______

c) 340 ——|—— 360 ______

d) 150 ——|—— 200 ______

e) 480 ——|—— 490 ______

f) 500 ——|—— 600 ______

g) 750 ——|—— 800 ______

h) 300 ——|—— 350 ______

6 Addiere und subtrahiere.

a)	b)	c)	d)	e)
4 7 9	7 0 3	6 9 5	5 8 0	7 2 6
+ 3 4 2	+ 1 4 7	− 4 7	− 3 3 9	− 1 0 9
______	______	______	______	______

7 Ergänze die fehlenden Ziffern.

a)	b)	c)	d)	e)
3 _ 5	_ 5 2	7 0 _	_ 4 3	5 _ _
+ _ 6 2	+ 3 0 _	+ 1 _ 2	− 8 _ 1	− 2 3 0
6 1 _	8 _ 9	_ 7 0	1 4 _	_ 6 9

Alles paletti

Vermischte Übungen

8 Trage die Punkte A, B und C in das Koordinatensystem ein. Ergänze den Punkt D so, dass die angegebene Figur entsteht. Notiere die Koordinaten von Punkt D.

a) Rechteck

A (1|4), B (5|0), C (11|6), D (____|____)

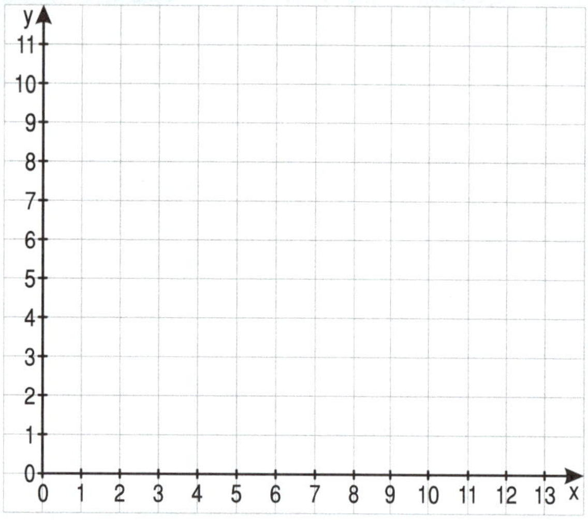

b) Parallelogramm

A (4|3), B (12|3), C (9|7), D (____|____)

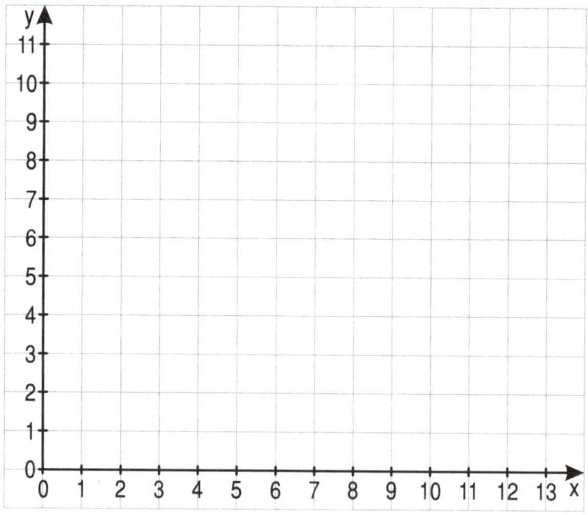

9 Strecke oder Gerade? Notiere den richtigen Begriff.

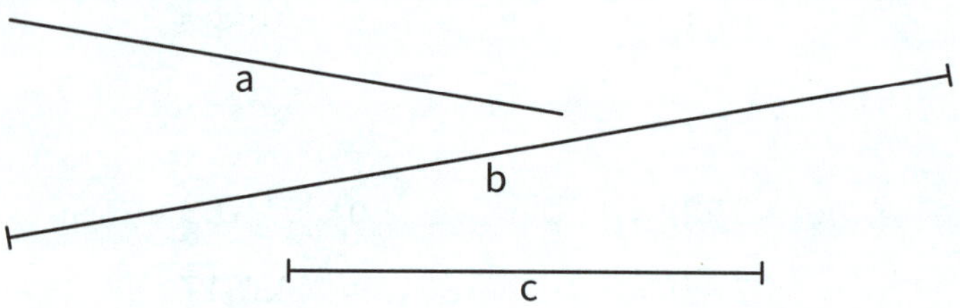

a: ____________________

b: ____________________

c: ____________________

10 Zeichne die Senkrechten zur Geraden g durch die Punkte A, B, C, D und E.
Miss den Abstand des Punktes von der Geraden.

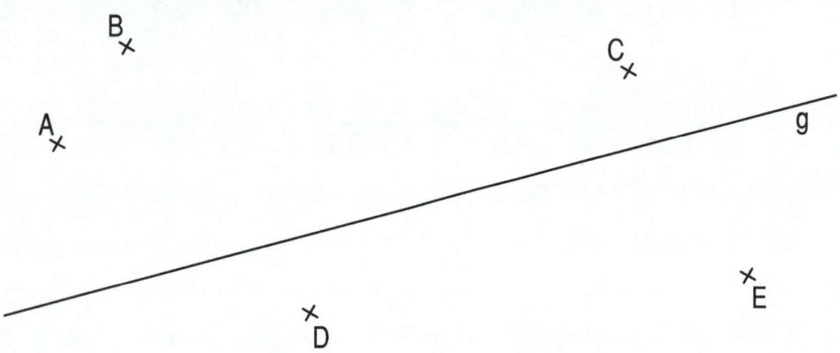

A: ____________________

B: ____________________

C: ____________________

D: ____________________

E: ____________________

11 Zeichne eine gemeinsame Senkrechte ein und miss den Abstand zwischen den Parallelen.

a)

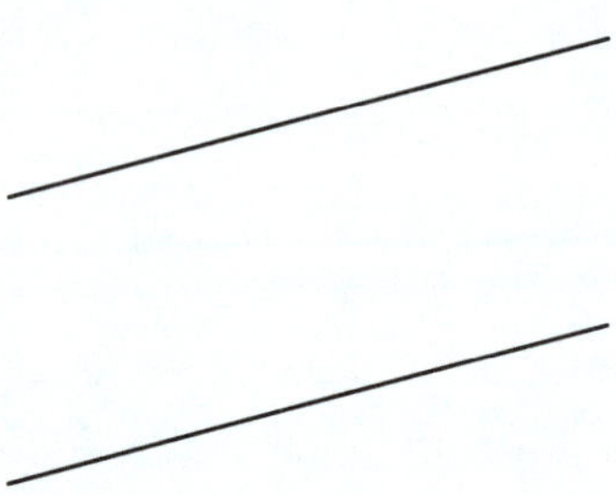

b)

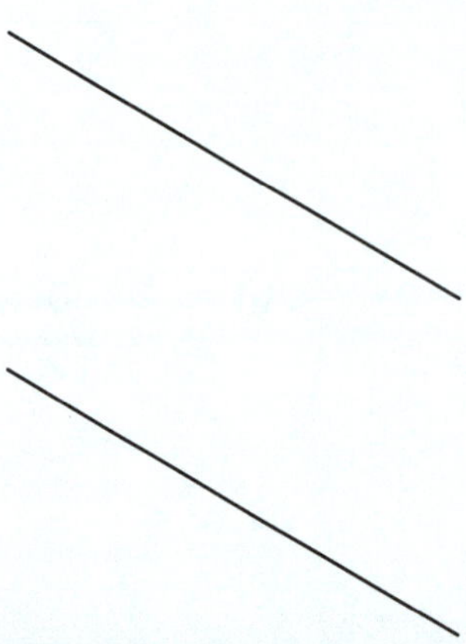

c)

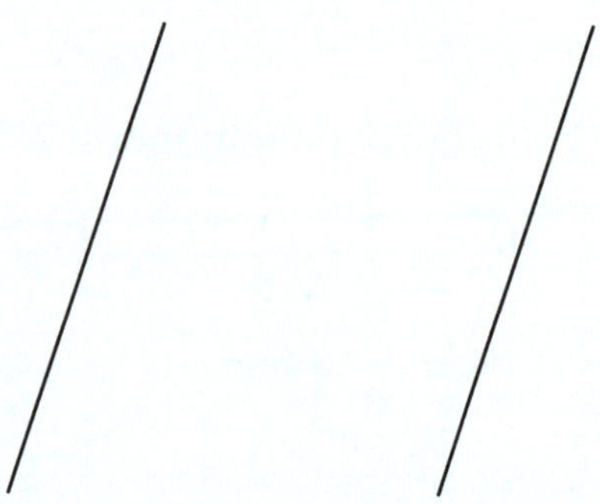

12
a) 600 · 3 = ______ b) 4 · 500 = ______ c) 70 · 50 = ______ d) 80 · 20 = ______
e) 120 : 4 = ______ f) 280 : 4 = ______ g) 630 : 7 = ______ h) 450 : 9 = ______
i) 164 : 4 = ______ j) 255 : 5 = ______ k) 126 : 6 = ______ l) 147 : 7 = ______

13 Multipliziere schriftlich.

a) 6 8 · 4 b) 7 6 3 · 6 c) 5 0 9 · 8 d) 6 2 7 · 7 e) 8 3 1 · 5

14

a) 4 2 6 · 4 0 b) 8 0 4 · 3 0 c) 5 2 7 · 4 2 d) 6 1 7 · 1 8

15 Dividiere schriftlich. Mache die Probe.

a) 2 0 7 : 3 = b) 4 8 4 5 : 5 = c) 5 5 3 2 : 6 =

d) 4 2 3 : 9 = e) 4 1 3 6 : 4 = f) 3 0 2 0 : 5 =

16 Im Kopf oder schriftlich? Trage die Ergebnisse ein.

a) 648 : 2 = ______ b) 2 178 : 9 = ______ c) 3 003 : 3 = ______
612 : 6 = ______ 5 055 : 5 = ______ 1 996 : 4 = ______

Alles paletti

Vermischte Übungen

17 Ist die Aussage wahr oder falsch? Kreuze an.

		wahr	falsch
a)	Jeder Quader hat 12 Kanten.		
b)	Jeder Würfel hat 8 Ecken.		
c)	Jeder Würfel hat 14 Kanten.		
d)	Jeder Zylinder hat zwei kreisrunde Flächen.		
e)	Jedes Prisma hat 6 Flächen.		
f)	Jeder Zylinder hat 3 Kanten.		
g)	Jedes Prisma hat mindestens 9 Kanten.		
h)	Es gibt einen Quader mit 9 Flächen.		

18 Welcher Körper ist es?

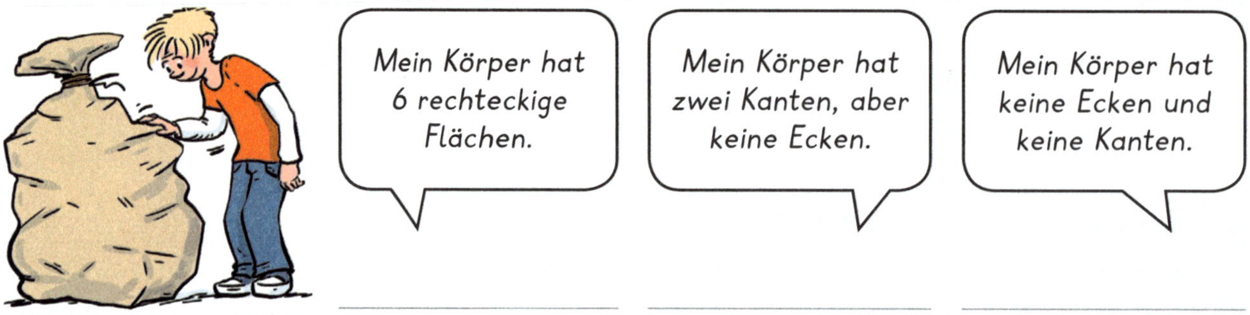

19 Ergänze die fehlenden Kanten im Schrägbild des Quaders.

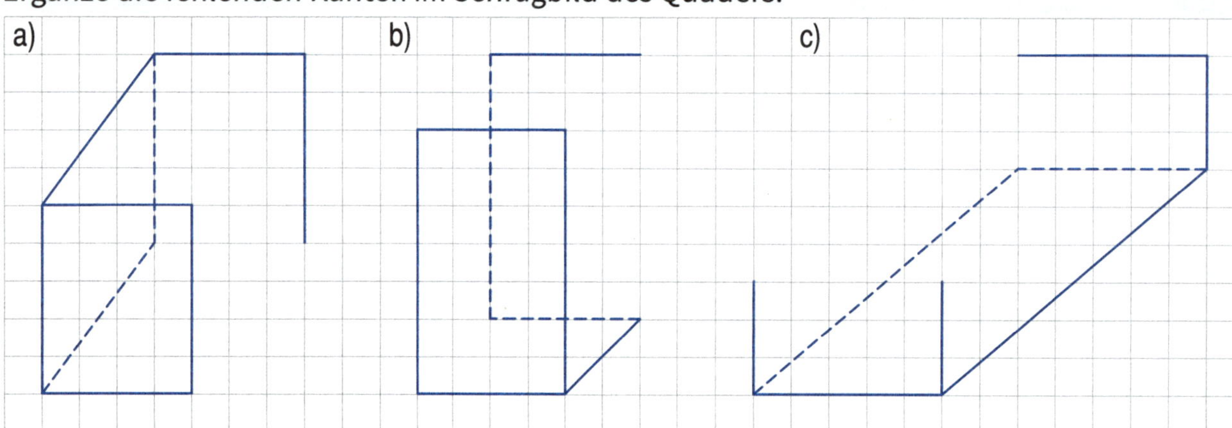

20 a) Ergänze die fehlende Fläche so, dass ein Würfelnetz entsteht.
b) Färbe gegenüberliegende Flächen in der gleichen Farbe.

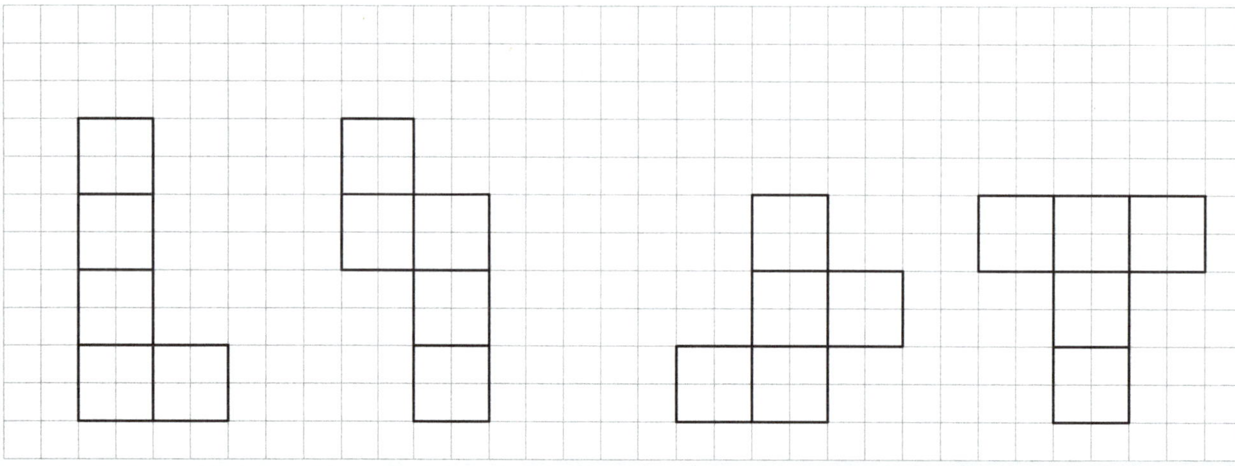

21 Fülle die Tabelle aus.

a)

1 m 25 cm		
1,25 m		11,75 m
	160 cm	

b)

2 km 750 m		
	5,975 km	
2 750 m		3 200 m

22 Ordne nach der Größe. Beginne mit der größten Länge.

a) 4,8 cm 6 m 3,25 m 8 cm

______ > ______ > ______ > ______

b) 128 m 3,5 km 8,99 m 1 km

______ > ______ > ______ > ______

23 Immer drei Längenangaben sind gleich. Kennzeichne sie mit der gleichen Farbe.

1,055 km	1 cm 3 mm	2 km 750 m	1 m 3 cm	103 cm	1 055 m
13 mm	1,03 m	1 km 55 m	2 750 m	1,3 cm	2,75 km

24 Max wohnt 1,2 km von der Schule entfernt.
Wie viel Meter sind das für Hin- und Rückweg zusammen?

A: ______

25 Miss Länge und Breite des Rechtecks. Berechne den Umfang und den Flächeninhalt.

a)

______ cm

______ cm

u = ______

u = ______ cm

A = ______ cm · ______ cm

$A =$ ______ cm^2

b)

______ cm

______ cm

u = ______

u = ______ cm

A = ______ cm · ______ cm

$A =$ ______ cm^2

26 Setze die passende Einheit ein: mm^2, cm^2 oder m^2.

a) Tür: 2 ______
Briefmarke: 5 ______

b) Heftzwecke: 50 ______
Terrasse: 12 ______

c) Heftseite: 600 ______
Geodreieck: 60 ______

27 Wandle um.

a) $8\ cm^2 =$ ______ mm^2
$10\ cm^2 =$ ______ mm^2

b) $700\ mm^2 =$ ______ cm^2
$1\,000\ mm^2 =$ ______ cm^2

c) $100\ mm^2 =$ ______ cm^2
$900\ mm^2 =$ ______ cm^2

Alles paletti
Vermischte Übungen

28 Welcher Bruchteil ist gefärbt?

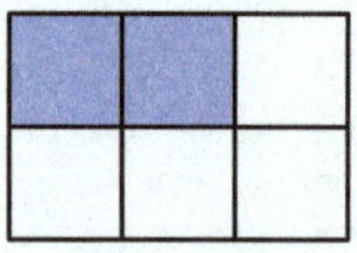 ________ 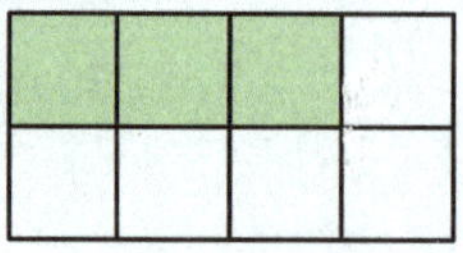 ________ 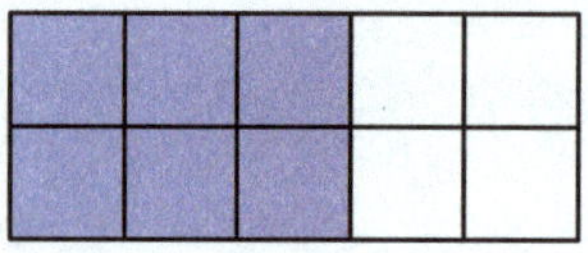 ________ 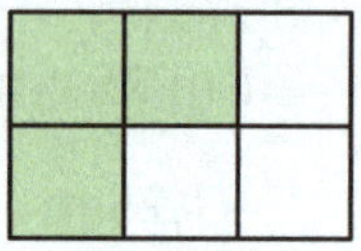 ________

29 Färbe den angegebenen Bruchteil.

a) $\frac{5}{8}$ 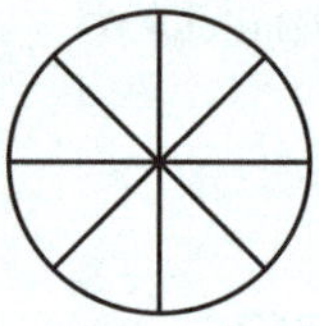 b) $\frac{2}{5}$  c) $\frac{4}{9}$ 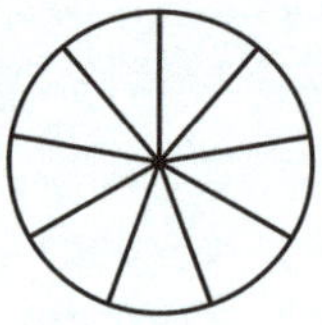 d) $\frac{3}{7}$ 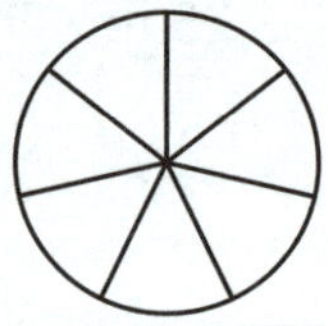 e) $\frac{7}{10}$ 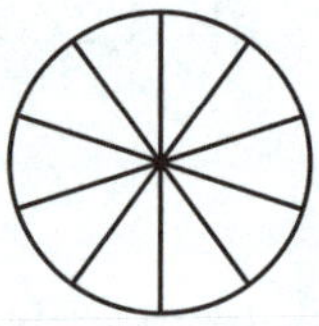

30 Färbe die Bruchteile, dann setze ein: < oder >.

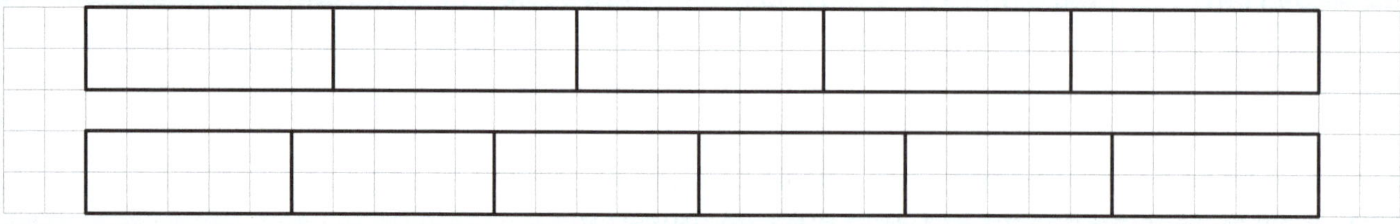

$\frac{2}{5}$ ☐ $\frac{2}{6}$

31 Setze ein: < oder >

a) $\frac{1}{5}$ ☐ $\frac{1}{4}$ b) $\frac{1}{3}$ ☐ $\frac{1}{5}$ c) $\frac{2}{7}$ ☐ $\frac{2}{5}$ d) $\frac{3}{8}$ ☐ $\frac{3}{4}$

32 Wie viele Minuten sind es?

a) 2 h = ________ min b) 1 h 10 min = ________ min c) $1\frac{1}{2}$ h = ________ min

d) 600 s = ________ min e) 120 s = ________ min f) 300 s = ________ min

33 Fülle die Tabelle aus.

Anfang	9:00 Uhr	9:45 Uhr	12:30 Uhr	15:55 Uhr	19:47 Uhr	
Dauer	55 min	30 min	1 h 20 min			1 h 15 min
Ende				17:00 Uhr	21:57 Uhr	19:15 Uhr

34 Wie viel Zeit ist insgesamt vergangen?

20 min →

____ min →

____ min →

A: ____

35 Ein Fernsehfilm beginnt um 20:30 Uhr. Der Film dauert 45 Minuten.
Um wie viel Uhr endet der Film?
A: ____